絵で見てわかる
Webアプリ開発の仕組み

松村慎／大久保洋介
武田智道／清水紘己
扇克至／里吉洋一
本末英樹＝著

SHOEISHA

本書内容に関するお問い合わせについて

このたびは翔泳社の書籍をお買い上げいただき、誠にありがとうございます。弊社では、読者の皆様からのお問い合わせに適切に対応させていただくため、以下のガイドラインへのご協力をお願い致しております。下記項目をお読みいただき、手順に従ってお問い合わせください。

●ご質問される前に

弊社Webサイトの「正誤表」をご参照ください。これまでに判明した正誤や追加情報を掲載しています。

　　正誤表　http://www.shoeisha.co.jp/book/errata/

●ご質問方法

弊社Webサイトの「刊行物Q&A」をご利用ください。

　　刊行物Q&A　http://www.shoeisha.co.jp/book/qa/

インターネットをご利用でない場合は、FAXまたは郵便にて、下記"翔泳社 愛読者サービスセンター"までお問い合わせください。
電話でのご質問は、お受けしておりません。

●回答について

回答は、ご質問いただいた手段によってご返事申し上げます。ご質問の内容によっては、回答に数日ないしはそれ以上の期間を要する場合があります。

●ご質問に際してのご注意

本書の対象を越えるもの、記述個所を特定されないもの、また読者固有の環境に起因するご質問等にはお答えできませんので、予めご了承ください。

●郵便物送付先およびFAX番号

　　送付先住所　　〒160-0006　東京都新宿区舟町5
　　FAX番号　　　03-5362-3818
　　宛先　　　　　（株）翔泳社 愛読者サービスセンター

※本書に記載されたURL等は予告なく変更される場合があります。
※本書の出版にあたっては正確な記述につとめましたが、著者や出版社などのいずれも、本書の内容に対してなんらかの保証をするものではなく、内容やサンプルに基づくいかなる運用結果に関してもいっさいの責任を負いません。
※本書に掲載されているサンプルプログラムやスクリプト、および実行結果を記した画面イメージなどは、特定の設定に基づいた環境にて再現される一例です。

※本書に記載されている会社名、製品名はそれぞれ各社の商標および登録商標です。

はじめに

　かつて、Webでリッチなコンテンツを作るといえば、Flashベースのものが多くありました。スマートフォンの普及にともない、Flashを使用する機会は減り、今はJavaScriptが主役の座を奪っています。

　FlashではActionScriptを使いこなせばほとんど用が済んだのですが、JavaScriptベースの開発では、CSSやHTMLとの兼ね合いや、それらファイルを管理する環境構築など覚えるべきことは膨大になってきました。

　さらにバックエンドまでを網羅するNode.jsの登場などもあり、フロントエンドエンジニアがバックエンドの知識まで首をつっこまないといけない機会がどんどん増えています。

　かたやバックエンド側を見ると、クラウドサーバーの普及や通信速度の向上により、Webアプリ自体が大規模になってきており、サーバーサイドエンジニアに求められるスキルも多様化してきています。

　以前はバックエンドのみを考えて設計・開発・運用などを主として行ってきましたが、Ajax通信を用いてフロントエンドでのページ遷移を行うWebアプリが増えたことにより、サーバーサイドエンジニアでもフロントエンドのことを知らないと良い設計ができません。バックエンド向けの環境設定ツールや運用管理ツールも多く登場し、より効率化を求められるようになってきています。

　つまり、Webアプリを開発・運営するにはフロントエンド側／バックエンド側ともに自分の専門領域外を超えてお互いの意思疎通をすることがとても重要になってきました。

　本書ではフロントエンド、バックエンド両方の知識を全体的に網羅していますので、Webアプリ作成のための最初の一歩として読んでいただけると幸いです。

著者代表　松村 慎

本書について

◉プログラムコード、コンソールのコマンド

リストA　サンプルコード

```
[yousuke@bansystems.org .ssh]$ ssh-keygen -t rsa
Generating public/private rsa key pair.
Enter file in which to save the key (/home/yousuke/.ssh/id_rsa):

Enter passphrase (empty for no passphrase):    ←何も入力せずに Enter キーを押す

var myData = {
    title: 'My Profile',
    description: 'About My <b>Profile</b>',
    tags: ['profile', 'info'],
    content: 'Lorem ipsum Sed officia incididunt non dolore pariatur in ⇒
consectetur nostrud ad consectetur velit quis Ut ullamco enim.'
};
```

太字の部分は、ユーザーが入力することを示します。
色字の部分は、説明用の文章なので入力はしません。
⇒は、紙面の都合により折り返していることを示します。

◉本書で取り上げているフレームワーク／ライブラリについて

　本書は、Webアプリ開発に関する技術の基本や仕組みを理解することを主眼としています。フレームワークやライブラリは、執筆時点で主流と思われるものを取り上げました。最新の情報は、Webや書籍など各種情報源を参照してください。

CONTENTS

【第1章】Webアプリとは　1

1.1　アプリケーションの種類……2

1.2　Webアプリとは……2
　1.2.1　Webアプリの構成……3
　1.2.2　Webアプリの処理の流れ……5

1.3　Webアプリとネイティブアプリの違い……6
　1.3.1　開発言語と実行環境……6
　1.3.2　配布方法……7
　1.3.3　機能……7

【第2章】Webアプリの開発　11

2.1　Webアプリ開発の流れをつかむ……12
　2.1.1　学習を進めるにあたって……12
　2.1.2　サンプルアプリの機能紹介……12

2.2　Webアプリの仕組み……14
　2.2.1　サーバーサイドプログラム……14
　2.2.2　クライアントサイドプログラム……15
　2.2.3　Webアプリケーションフレームワークとは……15

2.3　制作の手順……17
　2.3.1　企画・設計フェーズ……18
　2.3.2　制作・開発フェーズ……18
　2.3.3　公開・運用フェーズ……18

2.4　企画【企画・設計フェーズ】……19
　2.4.1　コンテンツ企画……19
　2.4.2　ターゲットユーザーの明確化……21
　2.4.3　サイトマップ作成（機能の洗い出し）……22

2.4.4　ワイヤーフレーム作成……24

2.4.5　ペーパープロトタイプ……25

2.4.6　画面遷移図の作成……27

2.4.7　要件定義（システム仕様設計）……27

2.5　デザイン【企画・設計フェーズ】……28

2.5.1　デザインツール……28

2.5.2　画像解像度……29

2.5.3　画像書き出し……30

2.5.4　配色……33

2.5.5　フォント……37

2.6　クライアントサイドプログラミング【制作・開発フェーズ】……39

2.6.1　開発の流れ……39

2.6.2　ターゲットOS・ブラウザ……39

2.6.3　HTML……41

2.6.4　CSS……41

2.7　サーバーサイドプログラミング【制作・開発フェーズ】……42

2.7.1　開発の流れ……42

2.7.2　アプリ設計……42

2.7.3　データベース設計……44

2.7.4　API設計……46

2.8　テストアップ【制作・開発フェーズ】……47

2.9　公開と運用【公開・運用フェーズ】……48

2.9.1　コンテンツ運用について……48

【第3章】バックエンド開発の環境構築　51

3.1　Webアプリのバックエンドの動作……52

3.1.1　Webアプリに欠かせないサーバーの動作……52

3.2　サーバーの構築……53

3.2.1　サーバーを用意する……54

3.2.2　LAMPとは？……58

3.2.3　メールサーバー……68

3.3　環境構築の自動化……69

3.3.1　Vagrant……69

3.3.2　Chef……71

【第4章】フロントエンド開発の環境構築　　73

4.1　効率的なフロントエンド開発のために……74

4.2　CSS……75

4.2.1　Sass……76

4.2.2　SassファイルをコンパイルしてCSSファイルに出力……82

4.3　JavaScript……83

4.3.1　JavaScriptライブラリ3種の神器……84

4.3.2　JavaScriptの構文チェック……93

4.3.3　JavaScriptでのオブジェクト指向的開発……94

4.4　タスクランナーを利用した自動化……100

4.4.1　タスクランナーとは……102

4.4.2　タスクのレシピを作成する……104

4.5　ブラウザでのデバッグ方法……115

4.5.1　PC版Chromeでのデバッグ……116

4.5.2　ログの消し忘れに注意……118

4.5.3　スマートフォンでのデバッグ……119

4.6　その他の便利なツール・設定……124

4.6.1　エディタ……124

4.6.2　コマンドラインショートカットの設定……125

【第5章】サーバーサイドプログラムの実装例（PHP編）　　127

5.1　PHPとサーバーサイド環境……128

5.1.1　PHPとは……128

5.1.2　Webアプリの仕組み……129

5.1.3　PHPスクリプトの実行……132

5.1.4 ライブラリ……132

5.2 サーバーサイドの処理……135

5.2.1 セッション……135

5.2.2 データベースとの連携……138

5.3 フレームワークの導入……142

5.3.1 MVC……143

5.3.2 ルーティング……149

5.3.3 テンプレートエンジン……150

5.4 Ajax……152

5.4.1 Ajaxとは……152

5.4.2 Ajaxを用いた実装例……153

5.5 テスト……156

5.5.1 ユニットテスト……156

5.5.2 機能テスト……159

5.6 セキュリティ……160

5.6.1 CSRF……160

5.6.2 XSS……162

5.6.3 SQLインジェクション……163

5.7 デバッグ……164

5.7.1 エラーハンドリング……164

5.7.2 ログ……165

【第6章】サーバーサイドプログラムの実装例（Node.js編） 167

6.1 Node.jsについて……168

6.1.1 Node.jsとは……168

6.1.2 Node.jsの特徴……168

6.1.3 メリットとデメリット……172

6.1.4 Node.jsとPHPの違い……173

6.2 Node.jsによるサーバーサイドの処理……174

6.2.1 Node.jsのインストール……174

6.2.2　パッケージモジュール……177

6.3　フレームワークの導入……178

6.3.1　Expressのインストール……178

6.3.2　アプリケーションの起動……180

6.3.3　URLルーティング……182

6.3.4　テンプレートエンジン……184

6.3.5　セッション……186

6.4　MongoDBとの連携……189

6.4.1　アプリケーションとデータベース……189

6.4.2　mongooseでMongoDBを操作する……190

6.5　フロントサイドとの連携（APIの実装）……193

6.5.1　リクエストの取得……194

6.5.2　パラメータの取得とレスポンス返却……195

6.6　セキュリティ……197

6.6.1　XSS（Cross Site Scripting）……197

6.6.2　CSRF（クロスサイトリクエストフォージェリ）……199

6.7　デバッグ……201

6.7.1　開発時の起動方法……201

6.7.2　エラーハンドリング……202

6.7.3　ログ……203

【第7章】クライアントサイドプログラムの実装例　　205

7.1　クライアントサイドプログラムの開発……206

7.1.1　利用するツールの紹介……206

7.2　HTML……207

7.2.1　HTMLテンプレートによるHTMLの作成……207

7.3　CSS……213

7.3.1　CSS設計……214

7.3.2　スタイルガイド……220

7.4　JavaScirpt……223

7.4.1 ルール設定に用いるツール……223

7.4.2 Browserify……224

7.5 APIとの連携……227

7.5.1 ディレクトリ構成……227

7.5.2 JavaScriptの実装……230

【第8章】運用管理　241

8.1 運用管理の対象はアプリだけではない……242

8.2 システムの監視……242

8.2.1 死活監視……243

8.2.2 リソース監視……245

8.2.3 不正アクセス監視……245

8.2.4 監視ツール……247

8.3 バックアップとリストア……252

8.3.1 バックアップの対象データ……253

8.3.2 バックアップ方法の種類……254

8.3.3 バックアップの単位……257

8.3.4 バックアップの保存先……258

8.3.5 バックアップツールの紹介……261

8.4 障害対応……261

8.4.1 障害の種類と原因……262

8.4.2 障害の切り分け……263

8.5 その他のメンテナンス……264

8.5.1 ログ管理……264

8.5.2 システム・ソフトウェアのバージョンアップ……266

8.6 運用管理のまとめ……267

【付録】ネットワーク基礎概論　269

A.1 ネットワークとプロトコル……270

A.1.1 TCP/IP……270

- A.1.2　ポート番号……272

A.2　HTTP……273

- A.2.1　リクエストとレスポンス……273
- A.2.2　HTTPメッセージの構造……275
- A.2.3　リクエストメッセージ……275
- A.2.4　レスポンスメッセージ……277

A.3　ヘッダ……279

- A.3.1　Connectionヘッダ……279
- A.3.2　User-Agentヘッダ……279
- A.3.3　Cokkieヘッダ……280

A.4　HTTPS……281

- A.4.1　SSLとは……281
- A.4.2　HTTPSの仕組み……282

A.5　HTTP/2における転送時間短縮の取り組み……283

- A.5.1　多重化……283
- A.5.2　サーバープッシュ……284
- A.5.3　ヘッダ圧縮……285
- A.5.4　テキストからバイナリに変更……285

COLUMN

リアルタイムコミュニケーション……9

プログラミング言語とマークアップ言語……15

プロトタイピングツール……26

アセット抽出の手順……31

配色の参考となるもの……36

PCのブラウザ……40

HTML 5での変更点……41

Viの使い方……54

昨今のセキュリティ事情……58

バージョンで使用できる文字コードが異なる……66

HTML5によるテンプレート機能の実装？……90

CDNを利用する……92

Node.jsのバージョンを複数共存させるには……103

CGI……131

ビルトインWebサーバー……132

ページの続きを自動表示する……156

CommonJSとは……226

バックアップとリストアは一緒に設計する……260

第1章

Webアプリとは

1.1 アプリケーションの種類

　PCやモバイル端末の普及により、さまざまなアプリケーションが公開され、今日の生活では必要不可欠なものになりつつあります。アプリケーション（アプリ）と一言で言っても、コンピュータやスマートフォンにインストールして動作する「デスクトップ／スマートフォンアプリ」やブラウザを通して動作する「Webアプリ」があります。

　「Webアプリ」と聞いて、みなさんはどのようなものを想像するでしょうか？ アプリと聞くと、モバイルデバイスで動作するネイティブアプリを想像する方が多いと思いますが、Webアプリとネイティブアプリは明確に区別されます[*1]。

　例えば、ネイティブアプリでは実行時にインターネットへの接続がなくても動作可能ですが、Webアプリでは、Webサイトにアクセスしプログラムの実行や素材の読み込みが必要なため、インターネット接続が必須です。

　この章では、まずWebアプリの定義付けを行い、Webアプリを配信するのに必要なサーバーやプログラムファイル、その処理の流れを説明し、Webアプリの特徴やネイティブアプリとの違いについて言及したいと思います。

1.2 Webアプリとは

　Webアプリとは、「Webの仕組みと機能を使ったインターネット、もしくはイントラネット上で提供されるアプリケーションソフトウェア」のことです。つまり、Webサーバー上に配置したアプリを、ブラウザで利用できるソフトウェアのことをさします。

　代表的なWebアプリとして以下のものが挙げられます。

- SNS（Facebook／mixi）
- ECサイト（Amazon／楽天市場）
- ソーシャルゲーム　　……など

[*1] 最近のモバイルアプリはネイティブアプリであっても、端末の中だけで完結せずバックエンドと通信を行うものも多くある。ここでいう「ネイティブアプリ」は端末内で完結するスタンドアロンのアプリを想定している。

1.2.1 Webアプリの構成

Webアプリを動作させるためには、図1.1の構成が必要になります。

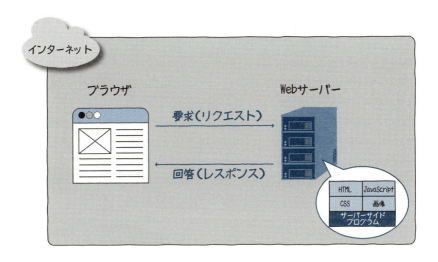

図1.1　Webアプリに必要な構成

◉Webアプリのプログラム

　Webアプリで活躍するプログラムには2種類あります。1つ目はWebサーバー上で動作する「サーバーサイドプログラム」です。サーバーサイドプログラムに用いられる代表的なスクリプト言語にはPHP、Python、Ruby、Perlなどがあります。サーバーサイドプログラムでは、ユーザー（ブラウザ）からの要求を受け取り、その要求に基づいた処理を行い、結果をユーザーに返します。

　もう1つは、ブラウザで動作する「クライアントサイドプログラム」です。クライアントサイドプログラムでは、文書構造を組み立てる「HTML（HyperText Markup Language）」と、HTMLに対してスタイルを指定する「CSS（Cascading Style Sheets）」とを合わせて使用します。近年ではクライアントサイドプログラムの実装はJavaScriptで行われることが主流になってきています。

　クライアントサイドプログラムについては第7章、サーバーサイドプログラムについては、第5～6章で解説します。

●ブラウザ

「ブラウザ」は、HTTPやURLなどの情報に基づいてWebサーバーと通信してリソースを取得し、それを解析して、HTML/CSSのレンダリングやJavaScriptの実行を行います。Webアプリでは、ユーザーはブラウザでアプリの操作を行い、必要な情報の入出力を行います。

●Webサーバー

「Webサーバー」とは、Webアプリを配信するサーバーです。インターネット上には、色々な種類のサーバーがあります。例えば、メールサーバーやFTPサーバーです。Webサーバーもその内の1つです。

これらは物理的なサーバーマシン（物理サーバー）自体のことをさすのではなく、物理サーバー上で動作するソフトウェアのことをさします。WebサーバーはHTTP（HyperText Transfer Protocol）通信に特化しており、HTML/CSS/JavaScriptファイル、それに付随する画像や音声ファイルを、ブラウザに配信するサーバーソフトウェアのことです。

図1.2　物理サーバーとWebサーバー

代表的なWebサーバーソフトウェアには、以下のようなものがあります。

- Apahce
- IIS
- Nginx　……など

1.2.2　Webアプリの処理の流れ

　Webアプリを実行するとき、ブラウザにWebサーバーからの情報が表示されるまでの流れは図1.3のようになります。必ずネットワークを介するという部分が、Webアプリの大きな特徴の1つです。

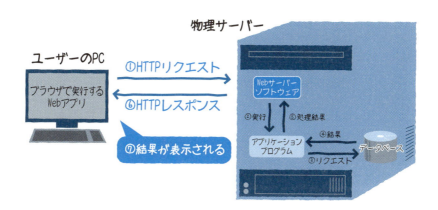

図1.3　Webアプリ実行時の流れ

①ブラウザからWebサーバーへ要求を送信する（HTTPリクエスト）。
②Webサーバーはブラウザからの要求を判断し、アプリケーションプログラムを実行する。
③要求を受け取ったアプリケーションプログラムは、要求の内容により、データベースへリクエストを投げる。
④リクエストを受け取ったデータベースは、データの保存または取得を行い、結果をアプリケーションプログラムへ返す。
⑤アプリケーションプログラム内での処理とデータベースからの結果を踏まえた処理結果をWebサーバーへ返す。
⑥Webサーバーはアプリケーションからの結果をブラウザへ返す（HTTPレスポンス）。
⑦ブラウザに表示される。

1.3 Webアプリとネイティブアプリの違い

　Webアプリとデスクトップ／スマートフォンアプリに代表される、ネイティブアプリの違いについて、それぞれの特長を踏まえながら見ていきます。

1.3.1 開発言語と実行環境

　まず、アプリを開発するための言語に違いがあります。ネイティブアプリの場合、各プラットフォームごとに開発言語が異なります。例えば、Mac OSやiOS向けのアプリを作成する場合はObjective-CやSwiftで開発しますし、Android OS向けにはJavaを使用して開発を行います。

　一方、Webアプリの場合、どのプラットフォームでもブラウザ上で動作するため、すべてのプラットフォーム共通でHTML/CSS/JavaScriptを使用して開発を行います。すべてのプラットフォームに対して共通言語で開発を行えるため、開発効率が良いという特徴があります。

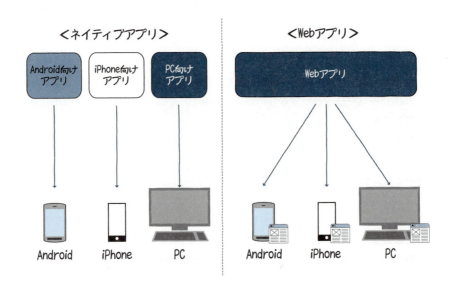

図1.4　アプリとプラットフォームの関係性

1.3.2　配布方法

　アプリをユーザーへ届けるための配布方法にも違いがあります。例えばスマートフォン用ネイティブアプリの場合、AppStoreやGoogle Playを利用してアプリを配布します。公開されるまでに運営元（AppleやGoogleなど）の審査が入るため時間がかかったり、場合によっては公開不可となって配布できない状況に陥ることもあります。

　Webアプリの場合は配信するファイルをWebサーバーへアップロードし、配信します。したがって、開発者が配布をコントロールしやすくなっています。

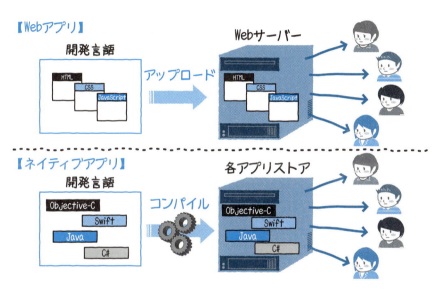

図1.5　アプリの開発言語と配布の違い

1.3.3　機能

　続いて、Webアプリとネイティブアプリの違いを機能の面から見ていきましょう。

●動作環境／動作速度

　ネイティブアプリは必ずしもネットワーク通信を必要としませんが、Webアプリでは、Webサーバーへの接続が必要なため必須になります。この点においてWebアプリ

は、使用する場所を選びます。

　アプリの動作速度ではブラウザの性能向上もあり、Webアプリであってもネイティブアプリとの差が小さくなってきてはいますが、やはり、2Dや3Dアニメーションの表示では多くの場合、描画の速度がボトルネックとなって動作が遅く感じられます。

◉操作性

　ネイティブアプリはOS上で動作するため、OSの機能を持ったアプリの作成が可能です。一方、Webアプリはブラウザ上で動作するため、ブラウザが有している機能のみが実現可能です。例えば、近距離での無線通信を行うNFC（Near Field Communication）やBluetoothは、ブラウザからは操作できません。[*2]

＊　＊　＊

　これまでに説明してきたWebアプリとネイティブアプリの主な違いをまとめると表1.1のようになります。いかがでしょう、Webアプリのイメージはつかめたでしょうか。これらの特徴を把握しておかないと、実現したい機能を適切なアプリで開発できませんので、しっかりと押さえておきましょう。

表1.1　Webアプリとネイティブアプリの違い

比較項目	Webアプリ	ネイティブアプリ
開発言語	HTML＋CSS＋JavaScript	Objective-C、Java、C#　……など
マーケット	なし	App Store、Google Play　……など
動作環境	ブラウザ	各プラットフォーム（OS）
動作速度	やや遅い	やや速い
操作性	ブラウザの機能	スマートフォン本体と連動
ネットワーク環境	必須	必須ではない

【*2】HTML5に対応した最近のブラウザでは、デバイスが持つ機能の一部を使えるようになってきている。詳しくは、次ページのコラム「リアルタイムコミュニケーション」を参照。

COLUMN
リアルタイムコミュニケーション

　モバイルデバイスの普及により、ユーザーのメッセージ書き込みや動向を、即時に多くの他のユーザーと共有するリアルタイムコミュニケーションが求められるようになってきました。そこで注目を浴び始めたのが、HTML5の新しい規格「WebSocket」や「WebRTC」です。

　WebSocketではAjax（第5章参照）でデメリットとなっていた、サーバー発信によるデータ送信ができない、HTTPコネクションを長時間占有してしまうなどの問題を解決し、より効率的にサーバーとクライアント間の双方向通信ができるようになりました。

　さらに進化させたWebRTCでは、JavaScriptだけではできなかったモバイルデバイスのカメラやマイクへのアクセスができるようになり、ブラウザ間でボイスチャット、ビデオチャット、ファイル共有が可能になりました。

　まだ、一部のブラウザのみでしか動作しませんが、今後、各ブラウザの対応が進み、古いブラウザからアップデートされることで、本当のリアルタイムコミュニケーションの時代が来ることでしょう。

第 2 章

Webアプリの開発

2.1 Webアプリ開発の流れをつかむ

　前章では、Webアプリがどのようなものか説明しました。本章では、そのWebアプリがどのような工程を経て作られていくのか、俯瞰してみましょう。全体の流れを把握しておくことで、次章以降で解説する個別の作業におけるポイントも理解しやすくなると思います。

2.1.1　学習を進めるにあたって

　あなたは今、どんな仕事をしているでしょうか。フロントエンドのデベロッパー、バックエンドのエンジニア、またはデザイナーでしょうか。開発フローのすべてに関わる機会が普段はなかなかないかもしれません。しかし、今回は一人でWebアプリの企画・設計から実装・運用まで行う想定で、すべてのフローを通して見てみましょう。

　まずは開発工程をなぞっていくために、本書で取り上げるサンプルアプリについて機能を説明します。

2.1.2　サンプルアプリの機能紹介

　今回はブラウザで受けられる検定アプリを作ります。この本の著者の1人、松村慎が代表を務める株式会社クスールは制作会社と学校事業を連携した会社です。2つの事業の内の1つである学校事業では、HTMLやJavaScript、iPhoneアプリとさまざまなジャンルのWeb技術講座を開いています。その中で講座によって「ほんきでJavaScript」「もっとほんきでJavaScript」とレベルがいくつか分かれているものがあります。ユーザーは、自分のプログラミングレベルがどの程度なのか、わからないことが少なくありません。そこで、事前にレベル判定ができる検定アプリ（サービス）を制作することになりました。

　検定内で出題される問題はWebに関する、さまざまなプログラミング言語を中心にします。

図2.1 検定トップ画面

　検定のメイン機能は、テーマにまつわる問題が出題され、正解率によって合否結果を出すというものです。サブ機能として、ソーシャルメディアでのシェア機能やユーザーのランキング機能など思いつく機能は沢山出てきますが、今回はサービスとして成り立つ最小限のものを実装していきます。

　サービスにはログイン機能を持たせ、過去に受けた検定内容を見られるようにします。また、ユーザー情報や出題問題はデータベースで管理します。

図2.2 出題ページ

2.2 Webアプリの仕組み

Webアプリは、基本的にクライアント（ユーザー）からの「リクエスト」とサーバーからの「レスポンス」で成り立っています。クライアントからのリクエストをサーバーで稼働するプログラムが受け取り、クライアントの要求に沿った内容の処理（データの取得や保存など）を行い、結果（データやHTML/CSSなど）をクライアントへ返します。

このとき、クライアント側で稼働するプログラムを「クライアントサイドプログラム」、サーバー側で稼働するプログラムを「サーバーサイドプログラム」といいます。

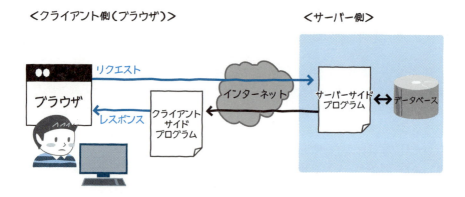

図2.3　Webアプリはリクエストとレスポンスのやり取りで成り立っている

2.2.1 サーバーサイドプログラム

サーバーサイドプログラムは、サーバー内で起動してレスポンスを返すもので、PHPやRuby、Pythonなどの言語で作られます。

サーバーサイドプログラムでは、必要に応じてデータベースなどのバックエンドに接続し、データの保持や取得、更新を行います。

2.2.2 クライアントサイドプログラム

サーバーに対して、ユーザーのローカルコンピュータ（そこで動作するブラウザ）のことを「クライアント（サイド）」と呼びます。そのクライアントサイドで動作するプログラムはクライアントサイドプログラムと呼ばれ、現在はJavaScriptで作られるのが一般的です。プログラム言語ではありませんが、HTML/CSSもブラウザで表示される言語です。

> **COLUMN**
> ### プログラミング言語とマークアップ言語
>
> よくエンジニア初心者が、HTMLとCSSをプログラミング言語だと勘違いしてしまいますが、これらはJavaScriptなどと違ってプログラミング言語とは呼びません。なぜならば、プログラミングのように処理を記述するのではなく、文書構造や見た目を設定するためのものだからです。それぞれ用途も違いますので、きちんと把握しておきましょう。
>
> **HTML**
>
> 　正式名称を「HyperText Markup Language」といって、Web上の文章構造を記述するためのマークアップ言語です。テキストに「タグ」と呼ばれる印を付けて、見出し、本文、図などの要素に意味付けをしていくことができます。2.6.3項も参照してください。
>
> **CSS**
>
> 　正式名称を「Cascading Style Sheets」といって、文書のスタイルを指定するためのスタイルシート言語です。HTMLでタグ付けしたテキストの文字色、背景色、文字サイズなどを指定できます。2.6.4項も参照してください。

2.2.3 Webアプリケーションフレームワークとは

最近のソフトウェア開発では、"フレームワーク"という言葉をたびたび耳にします。これは、よく使う機能がクラスとして提供されていて、それを継承するなどして開発者が扱いやすいように改良できる仕組みです。開発効率が上がるため、いまでは一般

的に用いられています。

「Webアプリケーションフレームワーク」とは、その名の通りWebアプリ開発を補助するための枠組みです。Webアプリの開発では、クライアントサイドとサーバーサイド双方に、それぞれのフレームワークがあります。

フレームワークを使うメリットとして以下のことが挙げられます。

- 共通して使われる機能をモジュール化して利用することにより、開発時間が短縮できる。
- フレームワーク上で開発することにより、複数人での開発でも品質を均一化させ開発スピードを速める。
- 運用、保守時において、開発当事者でなくともメンテナンスが可能になる。

◉フレームワークとライブラリの違い

同じように機能を提供する仕組みとして「ライブラリ」というものがあります。ライブラリとフレームワークは混同しがちですが、この2つには明確な違いがあります。どちらもビジネスロジック（行いたい処理）を実装するために使われますが、フレームワークは枠組みごと提供するのに対して、ライブラリは機能だけを提供します。

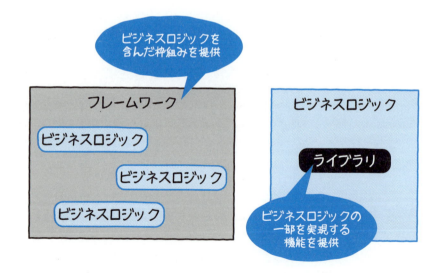

図2.4　フレームワークとライブラリ

代表的なフレームワークは、下記のとおりです。

＜フロントエンドのフレームワーク＞
- **AngularJS**
- **Knockout.js**
- **BACKBONE.js**
- **Vue**
- **React**

＜サーバーサイドのフレームワーク＞
PHP
- **CakePHP**
- **Laravel**
- **Symfony**
- **CodeIgniter**

Node.js
- **Express**
- **Koa**
- **Sails**

2.3 制作の手順

　Webアプリの開発は、企画立案から始まり、公開を目ざして開発が進められます。その流れを見ていきましょう。

　通常の業務であれば、Webアプリを発注したクライアントが居る場合も多いと思いますが、今回はクライアントはおらず、自らサービスを立ち上げる状況を想定しています。その中で、大まかなワークフローとして、図2.5のような3つのフェーズに分けられます。

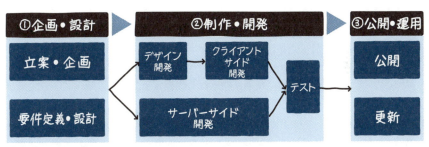

図2.5　3つのフェーズ

　次節以降で詳細を見ていきますので、各フェーズがどのような位置付けになるか、簡単に説明しておきます。

2.3.1 企画・設計フェーズ

最初は、アプリの目的や必要な機能を洗い出すフェーズです。プロジェクトが成功するか、後段の制作・開発フェーズがスムーズにいくかは、このフェーズでの働きが鍵を握っています。

具体的には、主に以下のような作業が発生します。

- コンテンツ企画
- ターゲットユーザーの明確化
- サイトマップ作成（機能の洗い出し）
- ワイヤーフレーム作成
- ペーパープロトタイプ作成
- 要件定義（システム仕様設計）

2.3.2 制作・開発フェーズ

実際に開発を行っていくフェーズで、開発のメインとも言える部分です。開発対象ごとに作業を分けるのが一般的です。

- デザイン
- クライアントサイドプログラミング
- サーバーサイドプログラミング
- テスト

2.3.3 公開・運用フェーズ

Webアプリは、ステージング環境と呼ばれる開発・テスト用のサーバーで開発が進められます。テストをした後、問題なければユーザーに向けてローンチ（公開）するための本番サーバーでWebアプリを公開します。

Webアプリはローンチ後も「運用」という作業があり、必要に応じてアップデートなどを行う必要があります。そのため、Webアプリではローンチしてからが本当のスタートと言えるかもしれません。

このフェーズでは、主に以下のような作業が発生します。

- 公開
- 効果測定
- バックアップとリストア
- その他メンテナンス
- 運用
- システムの監視
- 障害対応
- Webアプリの品質管理

次節から、各工程の詳細について、説明していきます。

2.4 企画【企画・設計フェーズ】

　実際のWebサービスのコンテンツは、プランナーと呼ばれる人が、競合やニーズ、予算といったさまざまな背景から企画を考えていきます。そして、ディレクターやインフォメーションアーキテクチャーと呼ばれる人が「情報設計」といわれる、コンテンツの設計図を組み立てていきます。

　企画と情報設計のメソッドをすべて説明すると、それだけで一冊の本になってしまい、本書では紙面が足りませんので、ここでは少人数でWebアプリを立ち上げる場合のポイントに絞って解説します。

2.4.1 コンテンツ企画

　制作するWebアプリ（サービス）で達成する目標を設定し、それに必要な要件を決定していきます。また、最後までブレずに目標を達成するためにコンセプトを立案します。

　本書のサンプルとして取り上げている検定アプリは、本章の冒頭で紹介したように、Web技術講座の受講生が事前に自身のレベルを判定できるようにすることを目的として開発しました。その背景として、受講生が自身のレベルを判断できずに受講した結果、「レベルが高かった」「授業レベルが物足りなかった」という意見が出てきたという状況があります。このときの状況を分析してみると、「自己プログラミングレベルと授業レベルのミスマッチ」という問題点が挙がりましたので、これを解決するためにブレインストーミングによってアイデアを出し、「検定」というワードを抽出しました。

　受講生全員が自分に合ったレベルの講座を受けられるよう、事前に検定を受けてもらうことにより、「自己プログラミングレベルと授業レベルのミスマッチ」という問題点の解決を図ったのです。

今回のケースは問題点がすでに挙がっていたので、そこから施策を考え出しましたが、問題点からではなく、コンテンツのアイデアを先に思いついた場合は、そこからスタートさせても構いません。

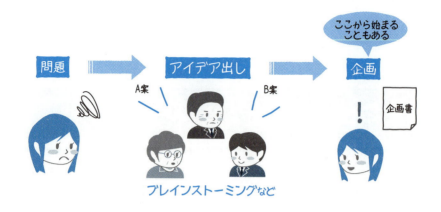

図2.6　企画の進め方

● コンセプトメイキング

　アイデアが出てきたら、サービスの「コンセプト」を立案します。そもそもコンセプトとは、生み出そうとしているサービスを一言で言い表すものです。コンセプトを用意することで、チーム全体の注力するポイントがブレず明確になり、クライアントやチーム間における意識共有が可能になります。

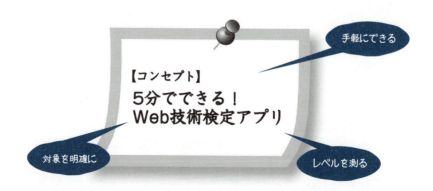

図2.7　本書の検定アプリのコンセプト

コンセプトが上手く形にならないときは、5W1Hで表される「だれが（Who）、なにを（What）、いつ（When）、どこで（Where）、なぜ（Why）、どのように（How）」という6つの項目を書き出し、そこからワードを導き出すのが良い方法です。

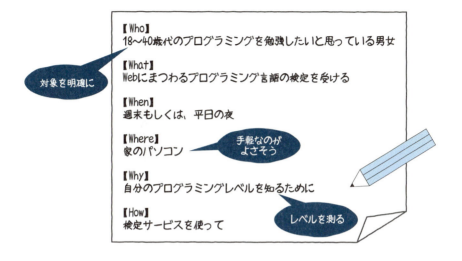

図2.8　5W1Hからワードを導き出す

2.4.2　ターゲットユーザーの明確化

　アプリやサービス利用者の中でも特に使って欲しい、またはニーズがあるとされる特定の対象者を「ターゲットユーザー」と呼びます。成果を出すためには、制作側の希望・思い込み・都合ではなく、そのサイトやサービスを使うユーザーの行いたいこと、達成したいことを常に考慮しながら開発・検討を行うことが求められます。そのためには、ターゲットユーザーの設定が必要不可欠です。

　ターゲットユーザーは「20代男性」のような大まかな設定ではなく、できる限り「人となり」が想像しやすいように具体的に決めてください。ターゲットの人物像に近い人が身近にいる場合は、その人をターゲットユーザーとして設定しても構いません。

　次にターゲットユーザーがどのような心理、動機付け、期待を持って、どのような状況でサイトに接触するか、また、どのような操作を行い（あるいは中断され）、最終的なゴールは何かなど、時間を追って、ストーリーとして描写します。それを「ユーザーシナリオ」と呼びます。

ユーザーシナリオを作成し、ユーザーがゴールに達するまで（あるいは離脱するまで）にどういったことを考え、どういった行動をとるのかをシミュレートします。シミュレートすることで、開発するWebアプリ／サービスに必要な機能や問題点を発見することができます。

　最終的に、あなたが意図した通りにユーザーが行動できるように動線を考えましょう。

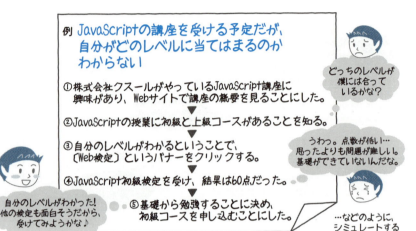

図2.9　ユーザーシナリオを作成して行動をシミュレートしよう

2.4.3　サイトマップ作成（機能の洗い出し）

　「サイトマップ」というのは、Webサイト内のページを分類し、一覧にしたものです。カテゴリーに分類した上で、ツリー状の階層構造で書かれていることが多いです。これを用意することで、どのようなページ構成にして、どこのページに何の機能を持たせるかを検討しやすくします。

　まず、サイトマップを作成する準備として、サービスに必要なコンテンツを洗い出していきます。ここでいうコンテンツは、2.4.1項で決めたコンセプトよりも細かい、具体的なものです。

　サイト改修の際は、現状サイトのコンテンツ、新規開発の際は競合サイトや似たようなサービスから必要だと思われる機能を抜き出し、一覧にします。また、新しく追加したいコンテンツなども書き出しますが、思いつかない場合はブレインストーミングなどの発想法を使うことも有効です。

次に、洗い出したコンテンツをグループで分け、カテゴリー化します。
最後にツリー状の階層構造でカテゴリーやページをつないでいけば完成です。

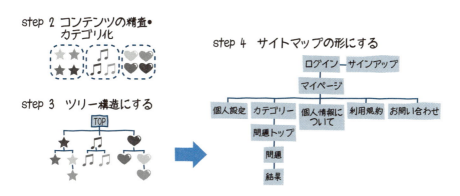

図2.10　サイトマップを作成する流れ

●ディレクトリマップ

サイトマップ作成によりできた構造を基にして、さらに具体的なページ単位の仕様を定義したものを「ディレクトリマップ」と呼びます。一般的なWebサイトの開発案件ではサイトマップではなく、こちらをチームで共有して使用することが多くなります。

ページID	第1階層	第2階層	パス／ファイル名	詳細
1-1	ログイン画面		login/index.html	ユーザー名（email）+password
1-2	サインアップ画面		register/index.html	ユーザー名（email）+password
2	マイページ		mypage/index.html	カテゴリ一覧 検定履歴
3	カテゴリトップページ			
4		検定画面		
5		検定終了		
6		詳細画面		ライトボックス表示
⋮				
⋮				
⋮				

図2.11　ページ単位の仕様をディレクトリマップに落とし込む

2.4.4 ワイヤーフレーム作成

各ページの仕様が見えてきたので、それぞれの大まかなコンテンツやレイアウトを示した構成図である「ワイヤーフレーム」を作成していきます。これは、主にレイアウトの確認、メニュー構成の確認、要素の強弱の確認などを目的として、クライアントとの確認、デザイナーへの指示などに使われます。

ワイヤーフレーム作成の主なポイントは、下記のとおりです。

- デザインを示す要素は極力省くようにする(デザインはデザイナーが考えるため)。
- 後から修正しやすいデータにすること（Adobe IllustratorやMicrosoft PowerPointなどで作成する）。
- 要素に抜けがないようにチェックする。

図2.12　ワイヤーフレームの例

ワイヤーフレームの作成は、描画ツールを使う以外に、下記のようなWebサービスを使うこともあります。

「Cacoo」
　⇒https://cacoo.com/lang/ja/?ref=logo

2.4.5 ペーパープロトタイプ

「ペーパープロトタイプ」とは、手描きで紙のプロトタイプを作成し、実際に操作して使い勝手を試すことです。Webサイトやアプリの開発は、ワイヤーフレーム作成→デザインカンプ作成→実装の順で進めます。その場合、実装が完了してから情報設計やインターフェースが使いづらいとわかっても、最初からやり直すには時間と労力がかかってしまうため、修正を断念せざるを得ない場合がよくあります。

そういった状況を防止する為に前段階でテストし、早期に問題を見つけることができるので、ペーパープロトタイプが注目されています。

また、HTMLやAdobe Photoshopで作成して検証するよりも、工数が小さいこともメリットです。

従来はワイヤーフレームを作成することが基本でしたが、現在では代わりにペーパープロトタイプを使ったり、併用したりすることが多くなっています。クライアントが居ない場合は、綺麗なワイヤーフレームを用意する必要はありませんので、手描きのペーパープロトタイプを作ることを筆者はオススメします。手描きなのでスピードが速く、テストしながら進められるという利点があります。

なお、筆者がペーパープロトタイプを作成する際には、色が濃くてスキャンしやすく、消すことも可能な、PILOT社の「フリクションボール」というボールペンを愛用しています。

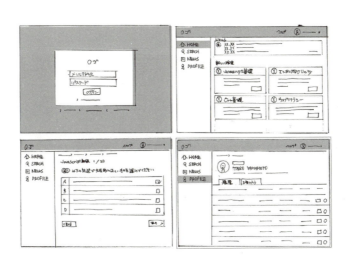

図2.13　ペーパープロトタイプの例

ペーパープロトタイプの作成を補助する、便利なツールが国内外でいくつもありますが、通常のWebとモバイルの両方でテストでき、日本語にも対応している「prott」というサービスがオススメです。

「prott」
⇒https://prottapp.com/

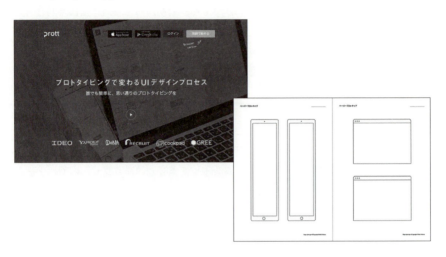

図2.14　左：prottのWebページ／右：筆者オリジナルのスマートフォン、PCサイズのテンプレートのサンプル

COLUMN
プロトタイピングツール

　専用のプロトタイピングツールを使うことで、より実際のページを使う感覚でシミュレーションすることが可能です。例えば、紙に描いたペーパーモックアップをスキャナやスマートフォンのカメラで撮影してアップロードすると、ブラウザ上で画面にインタラクションを付けることができるサービスなどがあります。スライド、フェードインといったトランジションもいくつか用意されており、非常に簡単なステップで完成させることができます。

　実装せずとも、PCブラウザやスマートフォンで実際にアプリを触っているような感覚でテストをすることができる、非常に便利なサービスです。

2.4.6 画面遷移図の作成

「画面遷移図」とは、サイト構成および画面が表示される順序を示した図です。また、ナビゲーションなどのリンクで、どのページに遷移できるかも記載します。全体の遷移を把握するため、開発前に用意しましょう。

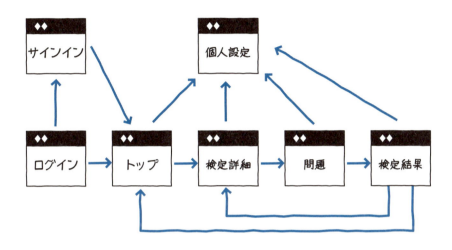

図2.15　画面遷移図の例

2.4.7 要件定義（システム仕様設計）

「要件定義」とは、制作するWebアプリ／サービスの仕様をまとめることです。サイトマップを作成する際に抽出したサービスに必要な機能について、具体的に実現する方法を記載していきます。

要件の内容によって、下記のようないくつかのカテゴリーに分けることができます。

- **機能要件**
- **システム要件**
- **画面遷移**

項番	第1階層	第2階層	機能要件
1-1	ログイン画面		ログイン機能：ユーザー名（email）＋password
			エラー表示
1-2	サインアップ画面		サインアップ機能：ユーザー名＋email＋password
			エラー表示
3	マイページ		カテゴリー一覧
4			検定履歴
5			検定一覧
6	カテゴリ	トップ	
		検定詳細	
		検定画面	ランダムで問題読み込み
			正解、不正解に合わせて表示を切り替え
			ランダムで問題読み込み
		検定終了	問題数、正解数、正解率、合格／不合格の表示
			正解、不正解の問題一覧表示
			ライトボックス表示
		問題詳細画面	

図2.16　機能要件の定義例

2.5 デザイン【企画・設計フェーズ】

　企画と同様、デザインについても詳しい話をするには本書の紙幅が足りないので、ここではデザイナー以外の方でも覚えておくといいポイントをいくつかまとめました。

2.5.1 デザインツール

　デザイン用のツールとしては、アドビシステム社のPhotoshop、Illustratorが代表的なものと言えるでしょう。

- **Photoshop**……ビットマップ画像の加工を行うアプリケーション。写真加工が得意でディティールにこだわった装飾ができる。
- **Illustrator**……ベクターデータ画像の編集を行うアプリケーション。「パス」や「シェイプ」機能を使い、ベジェ曲線で描画する。ロゴやイラストレーション、グラフなどの作成が得意。1つのファイルで複数のページを作成できるため、画面遷移をイメージしながらUI制作ができ、パーツの流用も簡単。

2.5.2 画面解像度

　現在使われている中で小さい部類であろう画面解像度1024×768ピクセルのディスプレイを考慮して、Webサイトの幅は940～980ピクセルとするのが主流です。サイトデザインを行う際、サイドメニューやコンテンツのカラムのサイズは自分で自由に決めるのではなく、「グリッドシステム」などをベースに考えると設計しやすくなります。これは、一定の幅を基準にしてパーツの大きさを決めるという手法です。中でも960ピクセルを基準としたグリッドシステムが一般的によく使われており、12・16・24個のグリッドから自分のデザインしたいサイトに合ったものを選びます。

　これからは1280×1024ピクセルや1920×1080ピクセルなどの高解像度でWebサイトを閲覧する人が増えると予想されるため、1170ピクセルのグリッドシステムも使われるようになってきました。本書の検定アプリは、この1170ピクセルのグリッドシステムを使ってデザインされています。以下のサイトではテンプレートファイル（PSDファイル）が公開されているので、こうしたものを活用するといいでしょう。

「Twitter Bootstrap Responsive Grid Photoshop Templates（PSD）- Ben Stewart」
⇒http://benstewart.net/2012/06/bootstrap-responsive-photoshop-templates/

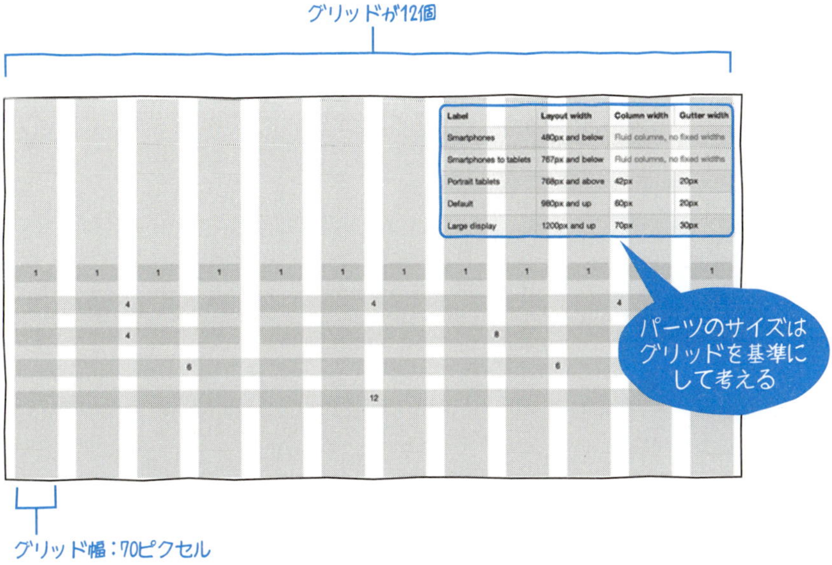

図2.17　グリッドシステム

2.5.3 画像書き出し

　Webサイトやモバイルアプリを作るデザインツールのPhotoshopやIllustratorには、画像を複数に分割して保存する「スライス」という機能があります。さらに、最近のPhotoshop CCというバージョンからは「画像アセット」という便利な書き出し機能が追加されました。画像アセット機能には、以下のような特徴があります。

- 自動での画像書き出し
- レイヤー名でjpgやpngなど圧縮方式を指定できる
- MacのRetinaディスプレイモデル向けなど解像度の異なる画像も複数同時に書き出し可能

　これらの利点がある為、通常のスライス機能より作業効率がアップします。今後、この機能が一般化することが期待できるため、デザイナーから画像アセット機能を使用したPhotoshopデザインデータを渡される機会が多くなると思います。フロントエンドエンジニアの方も書き出し機能を使いこなせると作業効率がアップできますので、ぜひ覚えてみてください。Illustratorには標準では「画像アセット」機能が付いていませんが、「Layer Exporter」というアドオン（拡張機能）を無料で入手できます。

「Adobe Add-ons」
　⇒https://creative.adobe.com/addons

COLUMN
アセット抽出の手順

参考までに、Photoshop CCを使ったアセット抽出の基本的な手順を見てみましょう。

①レイヤー名に画像拡張子を付ける

レイヤーウィンドウにおいて、書き出したい画像のレイヤー（パーツがセットになったフォルダでも可）に画像名を入力します。ファイル名は自由なもので結構ですが、拡張子は「.png」と付けてください（.jpg/.gifも可能）。

図A　スライスに名前を付ける

②Retina対応を指定する

Photoshopの［ファイル］メニューから［アセット抽出］を選択し、設定ウインドウを開きます。レイヤー名の横にあるプルダウンで「png-32」が選ばれていることを確認します。

また、Retinaディスプレイ用に2倍の画像を用意する場合は、［2x］ボタンをクリックしておきます。こうすることで、通常サイズと2倍サイズ両方の画像が書き出されます。しかし、この機能はシェイプやスマートオブジェクトで作成した画像に限って対応可能なので、気を付けてください。

最後に［完了］ボタンをクリックして設定を完了します。

続く→

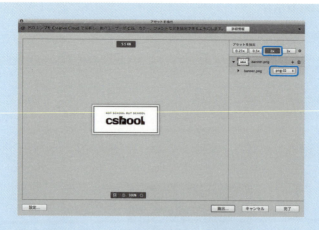

図B　書き出しの設定を行う

③自動書き出しを設定する

　最後に、ファイルを更新した際に自動で書き出しをする設定をします。Photoshopの［ファイル］メニューの［生成］を選択し、［画像アセット］にチェックが入っていることを確認してください。

　以上で設定は完了です。従来のスライス機能に比べるとスピードも速くなり、手順も簡単になったので、普段Photoshopを使い慣れていない方でも気軽に使えます。今回の手順では1つのアセットだけを設定しましたが、複数アセットの抽出も可能です。ほかにも画質やサイズを自由に変えられるので、試してみてください。
　公式Webサイトにも詳しい説明と動画解説が用意されていますので、そちらも参考にしてください。

「Photoshopヘルプ（AdobeのWebサイト）」
　⇒https://helpx.adobe.com/jp/photoshop/using/generate-assets-layers.html

2.5.4 配色

　配色が上手くいかない原因として、知識がないために無計画な色設計をしているということが多いと考えられます。人の審美的な力に頼ることもできますが、配色のメソッドを使って計画的に色を選んでいくことで失敗が少なくなります。
　配色におけるポイントは、以下の3点です。

- ベースカラー、サブカラー、アクセントカラーを決める。
- 色数を絞る。
- 配色補助ツールを使う。

◉配色を決める

　まずベースカラー、サブカラー、アクセントカラーの3色を選びます。3色しか使ってはいけないわけではないのですが、色数が増えるにつれて配色のバランスを取るのが難しくなるので、徐々に増やすようにするのがいいでしょう。
　以下のような割合で配色を行うとメリハリが付き、バランスが取れます。なお、本書のサンプルアプリでは、ベースカラーに「白・グレー」、サブカラーに「紺」、アクセントカラーに「グリーン」を使いました。

ベースカラー70%・サブカラー25%・アクセントカラー5%

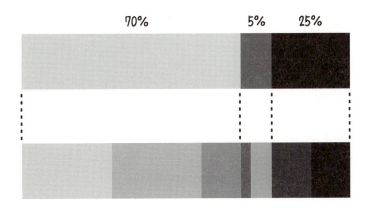

図2.18　バランスが取れる配色の割合

図2.19　決めた配色割合でデザインした例

- ベースカラー……**画面での面積が一番大きな色。白や白に近いものを選ぶと文字を乗せても読みやすく、どんな色の写真やイラストを置いても映える。**
- サブカラー……**ベースカラーと似た色を選べば落ち着いた印象になり、異なる色を使えばメリハリが出る。**
- アクセントカラー……**他の2色と比較してより目立たせる色を選ぶといい。色相・彩度・明度のうち2項目以上が他の2色と異なる色を選ぶと差が出る。ロゴに使われているキーカラーをアクセントカラーとして用いることが多い。**

◉配色補助ツール

Adobe Color

　まずアクセントカラーを1つ選んだとしても、2つ3つと色を組み合わせるのが難しいという方もいらっしゃるかと思います。そのような場合は、カラースキームツールを補助的に使うことが効率的です。カラールールを選び、アクセントカラーを1つ選べば、それに合った配色を自動的に提案してくれます。

　Adobe Color CCなどのツールがあります。

「Adobe Color CC」

⇒https://color.adobe.com/

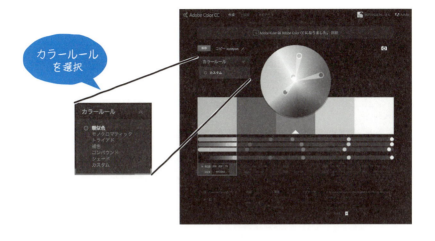

図2.20　カラースキームツール「Adobe Color」

Adobe Colorでは、以下のようなカラールールを選べます。

- 類似色（**Analogous**）……色の違いが出る程度に類似色を選んだ配色。強すぎず、ソフト。失敗しにくい配色。
- モノクロマティック（**Monochromatic**）……同一色相で、彩度と輝度に変化を付けた配色。
- トライアド（**Triad**）……色相環を三等分した位置にある3色での配色。バランスの取れた組み合わせになる。
- 補色（**Complementary**）……色相環の反対側にある色を「補色」といい、お互いに引き立てる関係を持つ。例えば赤の場合は緑、黄色の場合は紫にあたる。アクセントとして使うと効果的で、メリハリが付く配色。
- コンパウンド（**Compound**）……補色の色をベースにいくつか色相の違う色を合わせた配色。
- シェード（**Shades**）……同一色相で、濃淡／明度差で変化を付けた配色。
- カスタム（**Custom**）……自分で自由にカスタムできる。アップロードした画像から配色を作ることも可能。

COLUMN
配色の参考となるもの

　配色を考える際に参考にするものとして、「色相環」があります。これは、赤、黄、緑、青、紫などの色を円状に並べたものです。先述の「配色補助ツール」でも出てきた、「補色」や「類似色」を判断するために使用します。

　なかなか思い通りの配色が作れない場合は、他の人が作った配色を参考にするのもいいでしょう。Adobe Colorでは検索機能がありますので、世界中の人が作った配色を、人気順や使用回数順でソートをかけ、気に入ったものを使うのも一つの方法です。

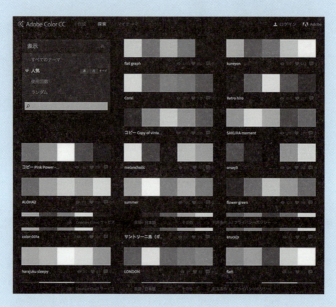

図A　Adobe Colorの検索機能

カラーイメージスケール

　制作したいサイトイメージを言葉にし、そこから配色を決定するのも一つの方法です。『カラーイメージスケール 改訂版』（講談社、2001年）では、色に対してイメージとなる言葉が掲載されているので、それを参考にすれば「シャープな」「新鮮な」「情熱的な」など抽象的なフレーズから、イメージに合った3色を決めることができます。

『カラーイメージスケール 改訂版』
⇒http://bookclub.kodansha.co.jp/product?isbn=9784062109291

2.5.5 フォント

使用するフォントも配色と同じで、種類を増やさないことが上手くデザインをまとめるコツです。また、ゴシック体と明朝体を混合させず、どちらか一方に統一すると、まとまって見えます。

以下のようなポイントがあります。

- フォントの大きさの種類を絞る。
- フォントファミリー（フォントの種類）の数を絞る。
- ゴシック体＋サンセリフ体、または明朝体＋セリフ体の組み合わせにする。

サンセリフ体
Helvetica Bold

I am a Cat.
吾輩(わがはい)は猫である。名前はまだ無い。どこで生れたかとんと見当(けんとう)がつかぬ。何でも薄暗いじめじめした所でニャーニャー泣いていた事だけは記憶している。吾輩はここで始めて人間というものを見た。しかもあとで聞くとそれは書生という人間中で一番獰悪(どうあく)な種族であったそうだ。

メイリオ Regular
ゴシック体

セリフ体
Times New Roman Bold

I am a Cat.
吾輩(わがはい)は猫である。名前はまだ無い。どこで生れたかとんと見当(けんとう)がつかぬ。何でも薄暗いじめじめした所でニャーニャー泣いていた事だけは記憶している。吾輩はここで始めて人間というものを見た。しかもあとで聞くとそれは書生という人間中で一番獰悪(どうあく)な種族であったそうだ。

ヒラギノ明朝 Pro W3
明朝体

図2.21　フォントにも統一感を持たせるといい

●デバイスフォント

「デバイスフォント」とは、Mac OSやWindowsなどのコンピュータにあらかじめインストールされているフォントのことです。代表的なものとして、表2.1のフォントがあります。

表2.1　代表的なデバイスフォント

文字の種類	フォントファミリー
Serif（セリフ）	Times New Roman、Georgia
Sans Serif（サンセリフ）	Helvetica、Arial
明朝	ヒラギノ明朝 ProN、游明朝
ゴシック	メイリオ、ヒラギノ角ゴシック ProN、ＭＳ Ｐゴシック、游ゴシック

◉Webフォント

「Webフォント」とは、サーバー上にあるフォントを表示する技術です。コンピュータにインストールされていないフォントでもブラウザで表示できるため、ユーザー環境に左右されることがなくなります。しかし、容量の大きいフォントはダウンロードに時間がかかるため、サイト閲覧時に表示が遅くなるというデメリットもあります。

下記は、Webフォントを提供しているサイトです。

「Google Fonts」
　⇒https://www.google.com/fonts

「Adobe Typekit」
　⇒https://typekit.com/

「FONTPLUS」
　⇒http://webfont.fontplus.jp/

2.6 クライアントサイドプログラミング【制作・開発フェーズ】

一般的にコーダー、フロントエンドエンジニアと呼ばれる担当者がHTML/CSS/JavaScriptなどのプログラミング言語を使って開発を行っていくフェーズです。企画・設計フェーズで作成した仕様書やデザインデータを基に、サイトを構築していきます。

この節では、フロントエンドエンジニアがどのように下準備、開発を行っていくかを説明します。

2.6.1 開発の流れ

すぐにデザインをコーディングしていかずに、まずは環境の準備を行いましょう。最初に、ターゲットのOSやブラウザ、HTMLやCSSのバージョンを決めていきます。

2.6.2 ターゲットOS・ブラウザ

OSはWindowsとMac OSの2者で表示確認することが一般的です。

また、ブラウザやバージョンによって使える機能や表示が変わってしまうため、どのブラウザやバージョンまで確認作業を行うかを事前に決めることが必要です。どのブラウザが、どれ位のユーザーに使われているかを把握し、また、ブラウザの機能をどこまで使用するかなどを考慮して、ブラウザ対応範囲やバージョンを決めていきましょう。筆者は表2.2に示すようなものを確認するようにしています。

表2.2　主なブラウザと対応すべきバージョン（2015年6月現在）

OS	ブラウザ	バージョン
Windows	Chrome	10.6〜
	Firefox	36〜
	Opera	28〜
	Internet Explorer	8、9、10、11〜
Mac OS	Chrome	10.6〜
	Firefox	36〜
	Opera	28〜
	Safari	6.2.4〜

どのブラウザでも全く同じ表示をさせることに注力するのではなく、最新のモダンブラウザ（ChromeやFirefoxなどWeb標準準拠のもの）では最新の機能を使った表示をさせ、レガシーブラウザ（Internet Explorer 6以前やOpera 6以前などWeb標準への対応が不十分なもの）では、それなりの表示をさせることが主流です。デザインやレイアウトが異なっても、必要な画像やテキスト情報が読めることは最低条件です。このような考え方を「プログレッシブ・エンハンスメント」と呼びます。

COLUMN
PCのブラウザ

　対象とするブラウザの選定にあたっては、ブラウザのシェアを調査している会社が定期的に調査報告を発表していますので、その結果を参考にするとよいでしょう。表Aは、NetMarketShareによる2015年6月現在のブラウザシェア調査の結果です。

　PCのブラウザにおいては、Microsoftの「Internet Explorer」（通称IE）が全世界シェアの約6割を占めています。それに次いで、「Firefox」と「Chrome」がそれぞれ約2割を占めています。これを参考にして、今回のPC向け対象ブラウザは、各モダンブラウザの最新バージョンとユーザー数がまだ2割近くあるIE 8から最新バージョンまでを対象としました。

表A　世界のブラウザシェア（NetMarketShare社調べ、2015年6月現在）

順位	プロダクト	シェア
1	Internet Explorer 11.0	27.22%
2	Chrome 43.0	17.55%
3	Internet Explorer 8.0	13.58%
4	Firefox 38	9.03%
5	Internet Explorer 9.0	6.76%
6	Internet Explorer 10.0	5.55%
7	Safari 8.0	2.87%
8	Chrome 36.0	2.36%
9	Chrome 31.0	1.37%
10	Chrome 42.0	1.02%

「NetMarketShare」
⇒http://marketshare.hitslink.com/

2.6.3 HTML

「HTML（HyperText Markup Language）」とは、Web上の文書を構造化して記述するためのマークアップ言語です。文脈や意味などが理解できるように専用のタグで文章をマークアップすることで、コンピュータが見出し、段落、箇条書きなどを判別できるようになり、紙の文書のような表現を可能とします。

2014年10月28日にHTML 5がWeb技術の標準化と推進を目的とした団体W3Cの勧告となりました。HTMLにはいくつかのバージョンや種類がありますが、これからは一層HTML 5が標準となっていきます。本書の検定アプリでもHTML 5を使用しています。

COLUMN
HTML 5での変更点

HTML 5では、HTML 4に新しい要素や属性が追加されて、より明確に文書構造を示すことができるようになりました。しかし、Internet Explorer 8以前はHTML 5に対応していないので、対策としてJavaScriptライブラリを使用することが一般的です。現在では「html5shiv」がよく使われます。また反対に、HTML 4以前では使えた要素や属性など、いくつかが廃止されたものもあります。

「html5shiv」
⇒https://github.com/aFarkas/html5shiv

2.6.4 CSS

「CSS（Cascading Style Sheets）」とは、HTMLでマークアップしたWebページのスタイルを指定するための言語です。Webページ上の色やパーツの配置などは、このCSSで記述していきます。

現在は、CSS2.1と、それに機能を追加したCSS3の2つのバージョン（CSSはレベルという言い方をします）が使われています。CSSの機能（プロパティ）の対応状況がブラウザによって違うので、下記のサイトで確認してください。今回、対象ブラウザとしているIE 8には未対応の機能が多くありますので、注意して見てください。

[*1] W3Cによる勧告とは、すべてのレビュープロセスの最終段階であり、仕様が最終的に確定した状態であることを表す。

「What's my IP Address? What's my browser?」
⇒http://fmbip.com/litmus/

2.7 サーバーサイドプログラミング【制作・開発フェーズ】

　Webアプリの場合は、サーバーサイドエンジニアがPHP、Ruby、Python、JavaScriptなどのスクリプト言語を使用して「ビジネスロジック」（アプリで実現したい処理内容）の開発を行います。プログラミング言語での開発の他に、データベース（以下、DB）操作の知識も必要となります。

　この節では、サーバーサイドエンジニアがどのように開発を行っていくかを説明します。

2.7.1 開発の流れ

　フロントエンドエンジニアがターゲットのOSやブラウザを決定するのと同じように、サーバーサイドエンジニアも、まずは、サーバーをどのOS(Linux、Windows Serverなど）で動作させるかを決定します。

　その上で、アプリやDBの設計を行い、さらにはAPIの設計などを行ってから実際のコーディングに入ります。

2.7.2 アプリ設計

　Webアプリの設計では、どの言語で開発し、ライブラリやフレームワークは何を使用するかを選定します。

　開発言語が決まったら、画面仕様書やサイトマップを基にクラス図やシーケンス図、関数仕様書などを作成します。

●クラス図

「クラス図」というのは、クラスの構成やクラス間の関係を記述するための図です。本書の検定アプリの場合は、ユーザーを管理するクラスとコースを管理するクラスを作成し、その関係を表したものになります。

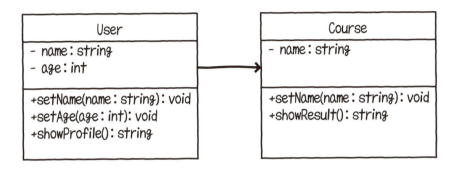

図2.22　クラス図の例

●シーケンス図

「シーケンス図」というのは、クラスの動的な相互作用を表現するためのUML[*2]図です。クラス同士の関係やメッセージのやり取りの様子を明確に表すことができます。
　クラス図がクラスの静的な定義とするなら、シーケンス図はオブジェクトの動的な振る舞いの定義と言えます。

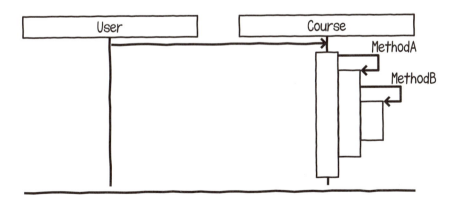

図2.23　シーケンス図の例

【*2】UML（Unified Modeling Language：統一モデリング言語）は複数の図を用いて、各オブジェクトや機能がどのような関連性があるかを図（モデル）で表したもの。図を用いることで、技術者間でより正確にオブジェクトや機能に関する情報や考えを共有することができる。

2.7.3 データベース設計

データベース（DB）にもいろいろな種類のものがあります。どのDBを使用してWebアプリを開発するのかにより、DB設計も変わってきます。ここでは、Webアプリ／サービスでよく使われる代表的なDBには、以下のようなものがあります。

- **MySQL**……RDBMS（リレーショナルデータベースを管理、運用するためのシステム）の1つで、世界中で最もよく利用されているオープンソースのデータベース。高速で使いやすいことが特徴。
- **PostgreSQL**……オープンソースのオブジェクトリレーショナルデータベース管理システム（ORDBMS）の1つ。
- **MongoDB**……RDBMSのようにレコードをテーブルに格納するのではなく、「ドキュメント」と呼ばれる構造的データをJSON[*3]ライクな形式で表現し、そのドキュメントの集合を「コレクション」として管理する。NoSQLの一種であるドキュメント指向型DB。
- **Redis**……メモリ上に値とキーをペアで保存するデータベース。NoSQLの一種。

このようにDBには多くの種類がありますが、どのタイプのDBを使用する場合も、

① 入出力データの抽出
② 永続化データの抽出
③ テーブル設計

というフローで設計を行うのが一般的です。

DB設計に慣れている人であれば、入出力データの少ないアプリを開発する場合は、テーブル設計から始めることも可能ですが、慣れるまではこのフローで設計することをおすすめします。

① 入出力データの抽出

まずは、開発するWebアプリで扱う入出力データをワイヤーフレームや画面構成書から洗い出します。

[*3] JavaScript Object Notationの通称。JavaScriptの表記法をベースとしたデータ記述のための言語。JavaScriptプログラムだけでなく、さまざまなプログラミング言語で使うことができる。

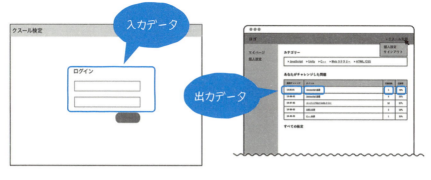

図2.24　ワイヤーフレームなどから入出力データを洗い出す

　例えば、本書の検定アプリの場合、ログイン画面では入力データとして「ユーザー名」と「パスワード」があります。また、結果画面では「正答率」や「正誤表」が、履歴画面では「実施した時間」や「実施回数」、「正答率」が出力データとして必要になります。

②永続化データの抽出

　次に、この抽出した入出力データから永続的に保持する必要のあるデータをさらに絞り込みます。「ユーザー名」と「パスワード」はログイン処理に使用するので、永続的にDBで保持する必要があります。他にも「実施回数」や「実施日」、「正答率」は保持する必要がありそうです。

　「正誤表」ですが、これは結果表示時に一度表示するだけなので、DBに保持する必要がなさそうです。

　このようにして入出力データから、DBに保持するデータを洗い出しました。

③テーブル設計

　テーブル設計では、ER図を作成し作業を進めます。ER図とは、Entity（実体）とRelation（関連）を定義する手法です。具体的にはテーブルを表す箱（Entity）と、テーブル間の関連を表す線（Relation）を組み合わせて設計します。Entityの中には、そのテーブルのカラムを配置します。

　次のER図は、②で抽出したデータを基に作成したER図のサンプルです。抽出したもの以外のデータもありますが、必要に応じて入出力以外のデータもDBに保持します。

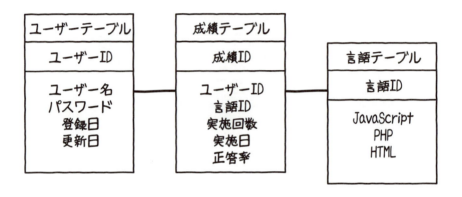

図2.25　テーブル設計の例（ER図）

2.7.4　API 設計

　API設計もサーバーサイドエンジニアのタスクの1つです。APIを設計する場合は、それを使用するフロントエンドエンジニアと一緒にAPIの仕様を決めることで、両者が扱い易いデータでのAPI設計になります。API仕様書を作成し、複数のエンジニアと共有することでスマートなAPIを作成することができます。

2.8 テストアップ【制作・開発フェーズ】

　実際のWebアプリを運用する本番環境と同じ環境の「ステージングサーバー（テストサーバー）」を用意します。ステージングサーバーは、本番環境でのWebアプリが正常に動作するかを確認するため、OS、Webサーバーソフト、PHP、DBなどの仕様は合わせておきます。ステージングサーバーで、HTML/CSSの表示やプログラムの動作チェックをして、問題なければ本番環境にデータをアップします。

　確認作業は「2.6.2 ターゲットOS・ブラウザ」で決めたターゲットOS・ブラウザに基づいて、ブラウザチェックを行っていきます。

　チェックする項目には、下記のようなものがあります。

- 文言
- リンクの遷移確認
- デザイン、レイアウトの表示確認
- JavaScriptやPHPなどの動作確認
- ソースチェック

　チェックにはツールを使うことも多いでしょう。下記は、無償で利用できるHTML5の構文チェックツールです。

「Another HTML Lint 5」
　⇒http://www.htmllint.net/

2.9 公開と運用【公開・運用フェーズ】

ステージング環境でのテスト確認が終われば、いよいよ本番サーバーで公開します。一般的なWebサービスは、公開と運用でどういったことを行っているかを見ていきましょう。

運用とひとくちに言っても、対象によってコンテンツの運用とシステムの運用に分かれます。この節では、コンテンツの運用について説明し、システムの運用に関しては第8章で改めて説明します。

2.9.1 コンテンツ運用について

ここでは、コンテンツ運用に関して考慮すべきポイントを説明します。

◉リリース

サイトを公開すれば一安心と言いたいところですが、「2.3.3 公開・運用フェーズ」で触れたとおり、Webアプリ／サービスは、ローンチ（公開）してからが本当のスタートと言えるかもしれません。何もしないとせっかく作ったWebアプリ／サービスも認知されませんので、無料のプレスリリースサービスや、Facebook・TwitterといったSNS（ソーシャル・ネットワーキング・サービス）、リスティング広告などを使って告知／宣伝を行っていきます。

◉SEO

Webサイトに訪れるきっかけで、最も多いのがGoogleやYahoo!などの検索エンジンだと言われています。「SEO(Search Engine Optimization)」とは検索エンジン最適化のことであり、対象とする検索エンジンにおいて検索結果の上位に自分のWebサイトが表示されるように工夫をする施策のことです。

具体的な施策例としては、クローラーと呼ばれる、Googleなどのロボット型検索エンジンがサイト巡回の際にキーワードを確実に見つけられるように、HTMLを正しくマークアップしていることは必須です。とくに、「h1」「a」「alt」などのタグは、正しくマークアップするようにしましょう。他には、検索頻度の高いワードをWebサイトに入れるなどの内部的な要因や、外部サイトからリンクを貼ってもらって自分のWebサイトの評価を上げるといった外部的な要因のものがあります。

●アクセス解析

Webサイトに訪れた人がどこから来たのか、どう行動したのかなどを調査することです。数値化した情報からユーザーの傾向を調べ、目標への対策を考えます。

デザインやコンテンツの異なるパターンを用意して「A/Bテスト」などを行い、ページ導線の改善を行うこともできます。効果の高い結果をサイトに反映していくことで、Webサイトの改善を繰り返します。

ログデータを見やすくレポートにまとめてくれるツールとして「Google アナリティクス」があります。これは、Googleのアカウントを作り、トラッキングコードというスクリプトをWebサイトに書き込んでおけば無料でアクセス解析ができるので、公開時に合わせて設定しておくことをお勧めします。

「Google アナリティクス」
⇒http://www.google.com/analytics/

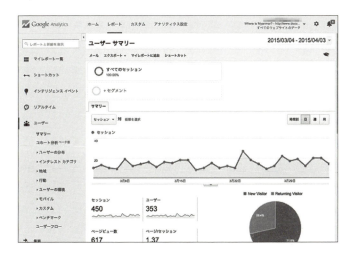

図2.26　Googleアナリティクスのレポート画面

＊　＊　＊

これで、Webアプリ開発のフローは一通りとなります。次章からは、フロントエンドとバックエンドに分けて、それぞれの領域における実装技術（制作・開発フェーズで使われる技術）について説明していきます。

第 3 章

バックエンド開発の環境構築

3.1 Webアプリのバックエンドの動作

　Webアプリとは、クライアント端末（PCもしくはスマートフォン端末など）がネットワークを介して動作するアプリケーションであるということは第1章で説明してきました。ここでは、本書で開発するWebアプリ（検定アプリ、第2章参照）を参考にして、とくにバックエンドと呼ばれる領域における開発について、どのような技術や環境を使うのか具体的に説明します。

3.1.1 Webアプリに欠かせないサーバーの動作

　Webアプリは、サーバーと通信して動作します。そのためサーバーの構築は必須の作業です。開発者のみなさんは、プログラム言語の知識だけではなくサーバーの知識も必要になる場合が多いと思います。

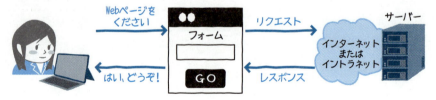

図3.1　Webアプリにはサーバーが必要

　例えば、ローカルで完結して動作するアプリは通信が生じずサーバーの知識は必要ないため、プログラムの知識だけでも開発が可能かもしれません。
　しかし、最近のiOSアプリやAndroidアプリで考えてみると、一見、端末の中で動作が完結していると想像しているかもしれませんが、ほとんどが「バックエンド」と

いわれるサーバーと通信して動いていることが多くなりました。

近年では、サーバーと通信させなければ意図したアプリケーションを開発できないことも多いのではないでしょうか。この章では、バックエンドとして動作するサーバーを構築するために必要な知識について説明したいと思います。

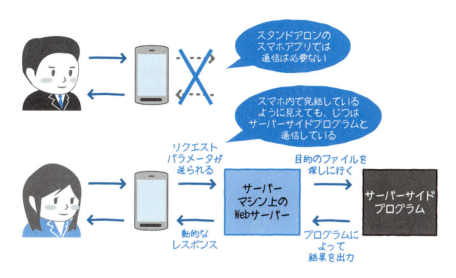

図3.2　最近のスマホアプリではサーバーの知識も必要となってきている

3.2 サーバーの構築

インターネット（もしくはイントラネット）を必須としたWebアプリを開発するためには、まずはバックエンドとして使用するサーバー構築が必要になります。サーバーには物理サーバーや、近年一般的になったクラウドサーバーなどがありますが、いずれにしてもサーバー内でコマンドを実行し、必要とするアプリケーションをインストールしなければなりません。

最近では、環境構築の自動化（「3.3 環境構築の自動化」参照）が進んでいますが、ここでは原点となる手動でのサーバー構築手順について、サンプルアプリをもとに説明していきたいと思います。

3.2.1 サーバーを用意する

まず、サーバーを用意しましょう。手軽に用意できるサーバーとして、「VPS」と「AWS」があります。

- VPS……Virtual Private Serverの略で、仮想専用サーバーです。月額1000円程度で提供しているサービスもあるので調べてみてください。
- AWS……Amazon Web Servicesの略で、Amazonが提供しているクラウド型サーバーです。テスト環境として使用する場合は最小スペックのインスタンスで十分ですので、比較的安価に使用することができます。

または、「VMware」や「VirtualBox」などでローカルに仮想環境を作成して使うのもいいと思います。

COLUMN

Viの使い方

本書では基本を学ぶ意図がありますので、サーバーにログインして手動で設定することを目的とします。本書では「Vi」を使って説明しますので、環境設定の前にViの主要コマンドを説明しておきます。初めて使う方は参考にしてください。なお、「Vim」はViを元に拡張して開発したものです。

コマンドラインにて以下のように入力し、[Enter] キーを押すと、ファイルを開くことができます（存在しない場合は新規作成になります）。

```
$ vi practice.txt
```

画面が変わってファイル編集モードになったら、キーボードの [i] キーを押します。すると文字が入力可能となります。

ファイルの編集が終わったら保存してみましょう。以下のように入力して、[Enter] キーを押します。2行目のように表示されたら、保存完了です。

```
:w
"practice.txt" [New] 1L, 1C written
```

編集が終わったらViを終了させましょう。以下のように入力して［Enter］キーを押します。すると、ファイルの編集モードが終了します。

```
:q
```

実際には、保存と終了は同時に行うことが多いでしょう。以下のように入力して［Enter］を押せば、一度で保存と終了を行うことができます。

```
:wq
```

以上のコマンドを使えば、設定ファイルの編集と保存は可能です。
Webアプリの開発を行うためには、Vimの最新版をインストールして、Vundleなども使用してカスタマイズをしないと実際の開発現場では適用できませんので、興味があればVimの情報を調べてみてください。

●サーバーへログインする準備

外部サーバーや自前のサーバーを起動してログイン可能になったら、まず公開鍵認証の設定をします。ご自分のPCのコマンドラインなどで、下記のコマンドを実行してください。以降、Linuxでの例を示します。

```
$ ssh-keygen -t rsa
```

まず、鍵の保存先 (.ssh/id_rsa) を指定し、それから「パスフレーズ」を2回入力するよう求められます。鍵を使うときにパスフレーズを入力したくない場合は、パスフレーズを空のままにしておきます。

```
[yousuke@bansystems.org .ssh]$ ssh-keygen -t rsa
Generating public/private rsa key pair.
Enter file in which to save the key (/home/yousuke/.ssh/id_rsa):
```

ここでは、パスワードを設定しないので［Enter］キーを押します。

```
Enter passphrase (empty for no passphrase):    ←何も入力せずに［Enter］キーを押す
```

再度聞かれますので、さらに［Enter］キーを押します。

```
Enter same passphrase again:    ←再び何も入力せずに［Enter］キーを押す
```

下記のように表示されると完了です。

```
Your identification has been saved in /home/yousuke/.ssh/id_rsa.
Your public key has been saved in /home/yousuke/.ssh/id_rsa.pub.
The key fingerprint is:
e8:03:bb:07:48:c4:c9:1a:c1:1e:0e:f9:9a:d8:88:eb yousuke@bansystems.org
The key's randomart image is:
+--[ RSA 2048]----+
|o= .             |
|+o=              |
|+=.              |
|.oo   .          |
|o* ... S         |
|* o .+           |
| . ..o           |
|.  ...           |
|.E ..            |
+-----------------+
```

次に、/home/yousuke/.ssh/id_rsa.pubの中身をコピーします。以下のように、コマンドを入力して実行すると中身が表示されます。

```
$ cat id_rsa.pub
ssh-rsa AAAAB3NzaC1yc2EAAAABIwAAAQEAoaofOZ+W2VGhKKQeHoXUpyFwiGrUfMQBYL ⇒
QeczUqQR7X8GTWV4mDHBrTvW2VGhKKQeHoXUpyFwiGrUfMQBYLQeczUqQR7X8GTWV4mDHB ⇒
rTvW2VGhKKQeHoXUpyFwiGrUfMQBYLQeczUqQR7X8GTWV4mDHBrTvW2VGhKKQeHoXUpyFw ⇒
iGrUfMQBYLQeczUqQR7X8GTWV4mDHBrTvW2VGhKKQeHoXUpyFwiGrUfMQBYLQeczUqQR7X ⇒
8GTWV4mDHBrTv== yousuke@bansystems.org
```

上記のssh-rsaから.orgまで、すべて選択してコピーします。

◉サーバーへのログイン

続いて、契約したサーバーへ「id」と「password」を使ってログインします。大抵の場合は、以下のように、提供されたアカウントとIPアドレスでSSHコマンドを実行すると、ログインできます。

```
$ ssh アカウント@IPアドレス
```

ログインが完了したら、.sshディレクトリへ移動します。

```
$ cd /home/ユーザアカウント/.ssh/
```

先ほどコピーした公開鍵をauthorized_keyとして保存します。

```
$ vi /home/ユーザアカウント/.ssh/authorized_key
```

そして、秘密鍵のパーミッションを変更します。

```
$ chmod 700 ~/.ssh
$ chmod 600 ~/.ssh/authorized_keys
```

以上の手順で、ローカルPCから「id」と「password」を入力しなくてもSSHでログイン可能となるでしょう。

◉SSHの設定変更

最後にSSHの設定を変更します。サーバーでログイン後、以下のコマンドで設定ファイルを開きます。

```
$ vi /etc/ssh/sshd_config
```

まず、パスワード認証を拒否します。下記の記述を探し、末尾の「yes」を「no」に変更します。

```
PasswordAuthentication yes
↓
PasswordAuthentication no
```

次に、rootログインを拒否します。以下の記述を追加します。

```
PermitRootLogin no
```

最後にsshdを再起動しましょう。設定ファイルを保存・終了したら、以下のコマンドを実行します。これで、開発環境構築の準備はOKです。

```
$ /etc/init.d/sshd restart
```

COLUMN 昨今のセキュリティ事情

　昨今、セキュリティの脆弱性を突いたサイバー攻撃がニュースで取り沙汰されている現状は、みなさんもご存知かと思います。開発者としては、システムの安全性を確保することは大前提であるため、セキュリティの知識は必要です。セキュリティを考えていないプログラムはシステムのセキュリティホールとなり、攻撃対象となってしまいます。

　また、セキュリティを考えて開発していてもバグによりセキュリティホールが発生しているケースもあります。そのためにはセキュリティのテストなども必要になりますが、本書ではセキュリティの詳細には触れませんので、機会があればセキュリティの専門書を読むことをお勧めいたします。

3.2.2　LAMPとは？

　サーバーの準備ができたら、実際に構築を進めてみたいと思います。サーバー構築の環境ですが、ここでは「LAMP（ランプ）」を使用してサーバー構築をします。皆さ

んは、LAMPという言葉を耳にしたことがあると思います。LAMPとは、Linux、Apache、MySQL、PHPの4つの名称の頭文字を取っています。それぞれ、バックエンドを構築するためには欠かせないソフトウェアです。

Linux ････ OSの種類。オープンソースが多く存在していて、無償で使用できる。代表的なものは『CentOS』『Ubuntu』『RedHat Linux』など。

Apache ･･･ 代表的なオープンソースのWebサーバー。ブラウザからのリクエストを受け付け、必要なデータにアクセスする。

MySQL ･･･ 代表的なリレーショナルデータベース。他にもPostgreSQLなどがある。

PHP ････ プログラミング言語。主にWeb制作に使用する。習得しやすい言語として、親しみやすい。フレームワークやライブラリが多く存在し、中〜大規模システム開発にも使われている。

図3.3　LAMPとは4つのソフトウェアのこと

●Linux

「Linux(リナックス)」はフィンランドのリーナス・トーバルズ氏が開発した、UNIX互換のOSです。GPLというライセンスの下に、自由に改変・再配布を行うことができます。そのため、異なる特徴を持つLinuxがいくつも作られており、そうした異なる種類のLinuxを「ディストリビューション」と呼びます。

Linuxは安定性が高く、扱いやすいということから、サーバーOSとして人気があります。多くのディストリビューションがありますが、バックエンドに用いられるのは、主に以下のようなものとなります。

- Red Hat Linux……企業向けに特化した機能を備える。
- CentOS……REHL（Red Hat Enterprise Linux）互換として人気が高い。
- Ubuntu……使いやすさを重視している。
- Fedora……Red Hat Linuxの無償版として、最新のディストリビューションを積極的に取り込む。

とくに最近では、「CentOS」や「Ubuntu」を利用することが多いようです。

●Linuxの役割

LinuxはOSなので、開発に必要なソフトウェアをそれぞれ動作させるという役割があります。システム規模によっては用途別に、Webサーバー用、アプリケーション（AP）サーバー用、データベース（DB）サーバー用などと、複数台のLinuxマシンを用意することもあります。

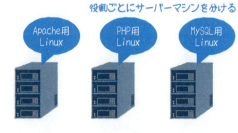
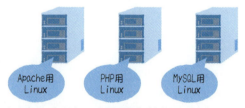

図3.4　システム構成の例

●Apacheの役割

「Apache（アパッチ）」（Apache HTTP Server）は世界中でも有名なWebサーバーで、ソースコードが公開されている、代表的な「オープンソースソフトウェア（OSS）」です。Webアプリを開発する上で必須となるツールと言っても過言ではないでしょう。

Apacheは、ブラウザからのリクエストが発行されると、名前解決を行い、リクエストを受け付け、静的か動的かを判断して必要なデータにアクセスします。そのデータをレスポンスとしてブラウザへ返します。

こうして、ブラウザ上でその情報を表示できるようになります。

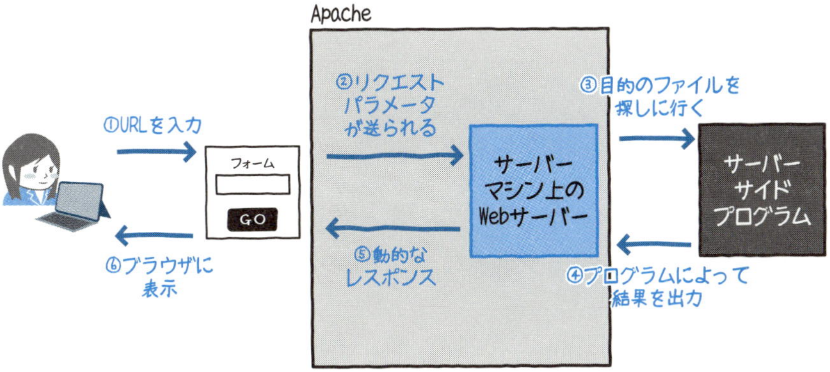

図3.5　Apacheの役割

●Apacheのインストール

Apacheをインストールするには、Linuxサーバーにログインして、パッケージをインストールするコマンドを順次実行します。

以下、参考までにCentOSでApacheをインストールする場合の手順を紹介します。流れとしては、図3.6のようになります。Linuxのアプリでは多くの場合、このような手順で進めます。

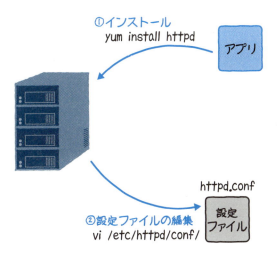

図3.6　Apacheのインストールと設定

まず、yumコマンドを実行します。httpdと指定するとApacheのダウンロードが始まり、インストールされます。

```
$ yum install httpd
```

続いて、設定ファイルを編集します。「httpd.conf」というファイルがApacheの設定ファイルです。このファイルを適切に設定することにより、Apacheが目的の動作をすることになります。

yumコマンドでインストールした場合は、下記の場所にhttpd.confファイルがあるので編集をしてみましょう。

/etc/httpd/conf/httpd.conf

サーバーの環境設定ですので、Viで編集します。それぞれ、以下のように記述を変更します。

```
#ServerName www.example.com:80
↓
ServerName centossrv.com:80


<Directory "/var/www/html">


Options Indexes FollowSymLinks
↓
Options Includes ExecCGI FollowSymLinks   ← CGI,SSIの許可


AllowOverride None
↓
AllowOverride All   ← .htaccessの許可
```

実際はヴァーチャルホストで運用するケースになると思うので、ここではvhost.confというオリジナルファイルを作成して設定してみましょう。

ヴァーチャルホストのファイルを作成するには、以下のコマンドで行います。

```
$ vi /etc/httpd/conf.d/vhost.conf
```

作成したファイルを、リスト3.1のように設定します。

リスト3.1　サーバーの環境設定ファイル（vhost.conf）

```
NameVirtualHost *:80

EnableSendfile off

<VirtualHost *:80>
    DocumentRoot "/var/www/html/example.com/app/webroot"
    ServerName example.com
    ErrorLog logs/example.com-error_log
    CustomLog logs/example.com-access_log common

    <Directory "/var/www/html/example.com/app/webroot*">
        Options FollowSymLinks
        AllowOverride All
        Order deny,allow
        Allow from all
    </Directory>
</VirtualHost>
```

●MySQLの役割

「MySQL」はRDBMS（リレーショナルデータベース管理システム、または関係データベース管理システム）です。データの集合を「テーブル」と呼ばれる表で表します。

図3.7　MySQLの役割

●MySQLのインストール

CentOSの場合は、下記のようにインストールします。

```
$ yum install mysql-server
```

MySQLのプログラムは、サーバーとクライアントに大きく分かれています。mysql-serverをインストールすると、クライアントも同時にインストールされます。

サーバーを起動するには以下のコマンドを実行します。

```
# /etc/init.d/mysqld start
```

　初回起動のとき、MySQLの初期設定をうながすプロンプトが流れます。これは、MySQLのすべての権限が与えられるrootユーザーのパスワードを設定したり、デフォルトで入っているテスト用データベースを削除するようにしたり、という指示です。特に本番環境ではセキュリティに気を付けて、この初期設定を欠かさずに行うようにしましょう。

　また、MySQLのデフォルトの文字コードは「latin1」（ラテン語系アルファベット派生文字のみに対応）となっており、これは日本語が扱えません。UTF8を設定するために、「vi /etc/my.cnf」と実行して、MySQLの設定ファイルを以下のように修正します。

```
[client]
# 以下を追記
default-character-set=utf8

[mysqld]
# 以下を追記
default-character-set = utf8
character-set-server = utf8
collation-server = utf8_general_ci
```

　設定を変更したら、サーバーに反映するために以下のコマンドでMySQLを再起動します。

```
# /etc/init.d/mysqld restart
```

COLUMN
バージョンで使用できる文字コードが異なる

　MySQLのバージョンが5.5.3以上なら（mysql --versionで確認可能）、utf8の代わりにutf8mb4が扱えます。単なるutf8でも1文字3バイトまでの文字を扱えますが、4バイトの文字に対応するためにはutf8mb4を使います。4バイト文字にはスマートフォンなどで使われる絵文字も含まれていますので、通常対応するのが望ましいでしょう。

　さらに、MySQLサーバーを常時起動しておくようにもしましょう。

```
# chkconfig mysqld on
```

とすると、OS起動時に自動でMySQLサーバーが立ち上がるようになります。

セットアップしたMySQLでDBを操作する

　RDBMSは、SQL文を解釈してレコード（データ）の検索、挿入、更新、削除が行えます。例えば、以下のように行います。

```
＜選択（表示）＞……「users」というテーブルのデータをすべて表示する
SELECT * FROM users;

＜挿入＞……「users」というテーブルに「こんのようすけ、38、male」というデータを挿入する
INSERT INTO users ('こんのようすけ', '38', 'male');

＜更新＞……「users」テーブルの「id=1」のデータの「username」という欄を「おおくぼようすけ」に更新する
UPDATE users set username = 'おおくぼようすけ' WHERE id = 1;

＜削除＞……「users」テーブルの「id=1」のデータを削除する
DELETE FROM users WHERE id = 1;
```

　RDBMSには他にも「PostgreSQL」、「ORACLE」、「SQLServer」などがありますが、SQL文を使うということは共通しています。

　最近ではCakePHPのようなフレームワークでは「ORM(オブジェクト関係マッピング)」というプログラム言語からデータを扱える機能が実装されており、直接SQL文

を書くことは少なくなりました。しかし、ORMの場合でも実際にはプログラムがSQL文を生成してRDBMSに伝えているため、SQL文を理解しておくことはプログラム知識としては前提条件となります。

●PHPの設定

「PHP」はご存知のとおり、プログラミング言語です。実行するには、PHPの実行環境をサーバーにインストールしておく必要があります。

CentOSの場合は下記のようにインストールします。

```
$ yum install php
```

実際には、

```
$ yum -y install php php-mbstring php-mysql
```

などと複数のプログラムを指定することになるでしょう。

なお、Ubuntuの場合は、以下のように実行します。

```
$ apt-get install php5 libapache2-mod-php5
```

CentOSではyumコマンドですが、Ubuntuではapt-getコマンドを使用してインストールします。

また、下記のようにソースコードからコンパルしてインストールする方法もありますが、ソースコードでインストールするとその後の管理も行わなければならないため、どうしても最新ソースが必要という場合以外は、yumなどのパッケージでインストールすることをおすすめします。

```
$ wget http://jp1.php.net/get/php-5.6.7.tar.bz2/from/this/mirror

$ mv mirror php-5.6.7.tar.bz2
$ tar zxcf php-5.6.7.tar.bz2
$ cd php-5.6.7
$ ./configure
$ sudo make
```

続く→

```
$ sudo make install
```

実際には./configureでオプションを指定することになります。

3.2.3 メールサーバー

LAMPの設定が終われば、必要最低限の機能でWebアプリの開発を行うことはできます。他に必要と思われるバックエンドの機能としては、ユーザーの新規登録処理に必要な「メール認証」などがあると思います。そのためには、メールサーバーが必要となるでしょう。

メールサーバーとしては、「Sendmail」より拡張版の「Postfix」が有名と思いますので、設定してみてください。設定に関して、情報はネット上にも沢山ありますので本書では割愛します。

メール認証に関しては図3.8のような仕組みになるでしょう。

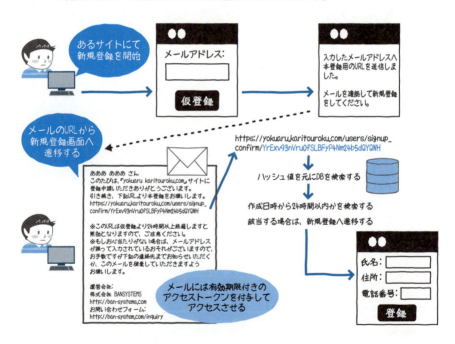

図3.8　メール認証の仕組

3.3 環境構築の自動化

ここまでは手動でのサーバー構築を説明しましたが、最後に、環境の自動構築について説明します。近年では、実際のサーバーを使う代わりにPCの中に仮想的なサーバーを立て、それを使うことができる仮想化技術と、環境構築をプログラムとして記述することで自動的に環境を構築する技術が育ってきました。これらを組み合わせて開発環境の構築を自動化することができます。

3.3.1 Vagrant

「Vagrant(ベイグラント)」は、VirtualBoxまたはVMwareの仮想マシンを使用して開発環境を作成できるツールです。チーム開発において、個人のOSがそれぞれ異なっていたとしても、再現性のある環境が構築できるなど、開発に便利な特性が備わっています。

OSの種類、バージョン、ネットワークの構成の仕方など基本的なことを「Vagrantfile」という1つの設定ファイルに書くだけで、手軽に欲しい環境が手に入ります。

リスト3.2 Vagrantfileの例

```
Vagrant.configure(2) do |config|
    # box:ある程度セットアップ済みのイメージファイルを指定できる
    config.vm.box = "opscode-ubuntu-14.04"
    # プライベートネットワークを構成して、自分のIPを決めることができる
    config.vm.network :private_network, ip: "192.168.211.100"
    # 仮想環境とローカルの共有ディレクトリを作ることができる
    config.vm.synced_folder ".", "/srv"
end
```

仮想環境の起動も簡単で、

```
$ vagrant up
```

とするだけで仮想マシンの領域確保からインストール、起動までVagrantが自動で処理をしてくれます。

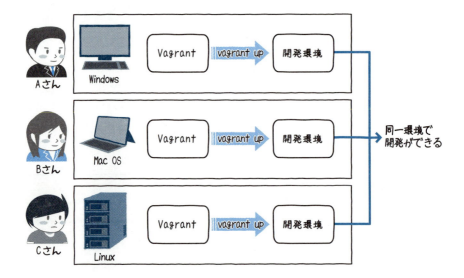

図3.9 Vagrant概要図

●外部ツールと連携したプロビジョニング

　サーバーの環境を構築して運用可能な状態にすることを「プロビジョニング」といいます。Vagrantは「Chef cookbooks」「Puppet modules」など外部のシステム構築ツールと連携をしてプロビジョニングをします。連携するには、例えばChefの場合、Vagrantfileに「レシピ」（後述）を指定することができ、以下のコマンドでプロビジョニングをChefが行ってくれます。

```
$ vagrant provision
```

　起動したサーバーは停止・破棄も上記のようなコマンド1つで操作できます。

3.3.2 Chef

「Chef(シェフ)」はサーバーのソフトウェアを自動的に構築できるツールです。設定ファイルはRubyスクリプトになっています。プログラムとして設定を書けるため、環境による分岐ができるなど再利用性を高めることができます。

◉レシピで構築内容を定義する

Chefでサーバー上にどのソフトウェアをインストールするか、どういう設定をするかを記述するのが「レシピ」です。レシピをまとめたものが「cookbook」で、基本的なソフトウェアのインストールはインターネット上で数多く公開されているcookbookのレシピを使うことができます。環境固有の設定を開発者のcookbookとして書くことで、簡単に環境を構築できます。

公開されているcookbookは、それぞれ依存関係があり、「Berkshelf」というcookbookのパッケージ管理ソフトを使ってこれを解決します。Vagrantfileと同じように、Berksfileにどのcookbookをインストールするか指定することができます。

リスト3.3　Berksfileの例

```
site :opscode
cookbook 'mysql'
cookbook 'nginx'
```

Berksfileを実行するには、以下のようにします。

```
$ bundle exec berks --path=vendor/cookbooks
```

Chefは以下のようにして、単体で動作させることも可能です。

```
$ bundle exec knife solo cook recipe_name
```

Vagrant＋Chefで開発していたとしても、多くの場合で本番サーバーは仮想環境ではありません。Vagrantで直接プロビジョニングができない場合でも、レシピをChef単体で動かすことにより、開発環境と同じ環境がセットアップできるようになります。

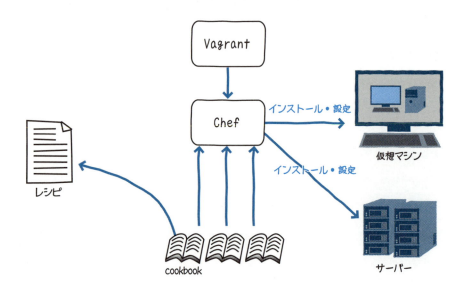

図3.10　Chef概要図

　本章では基本的なサーバー構築の説明をしました。第5～6章ではバックエンドの開発をサンプルコードを交えて説明していきます。

第 4 章

フロントエンド開発の環境構築

4.1 効率的なフロントエンド開発のために

ブラウザの進化にともない、フロントエンド（ブラウザ側）で実装する内容が大きく変わりました。従来はサーバーサイドで担っていた役割をブラウザ側で処理することにより、サーバーの負担を少なくする、クラウドサーバーのコストダウンをはかるなど、さまざまなメリットが考えられます。例えば、HTML5 APIのcanvas要素を利用すれば従来はサーバーサイドで行っていた画像合成なども、現在はフロントエンドで可能です。画像加工はサーバーサイドで行うとかなりの負担をサーバーに与えてしまいますが（合成時間も結構かかります）、フロントエンドで行えばさほど時間もかからずに処理できてしまいます。

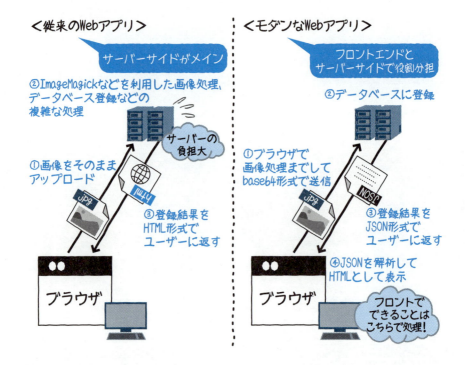

図4.1　フロントエンドの実装内容も変化してきている

その半面、フロントエンドの実装方法が従来よりも、かなり複雑になってしまいました。CSSやJavaScriptの記述量が膨大になっているため、ちゃんとした設計を事前に

行い、適切な環境をそろえずに実装に入ってしまうと破綻してしまうケースが多くなっています。

本章ではより快適で、メンテナブルにフロントエンドの実装が行える環境構築を紹介していきます。

4.2 CSS

　PCブラウザ以外にもスマートフォンやタブレットなどさまざまなデバイスに対応する場合は、CSSにも関数や変数などのプログラミングを取り入れると記述量を大幅に削減できます。通常の静的なCSSファイルではなく、スタイルシート言語にプログラムを記述してコンパイルすることで生成されるCSSファイルを使います。

　「スタイルシート言語」と言われると、また言語を1つ覚えなくてはならないのか……と気が滅入ってしまうかもしれません。ですが、安心してください。ほぼCSSの記述方法と同じです。スタイルシート言語には、「Sass」、「Stylus」、「Less」などさまざまな種類がありますが、ここでは最も人気の高い「Sass」を取り上げます。言語間で文法の差異はありますが、ここではスタイルシート言語によって、どのようにCSSが生成されるのか、感触をつかんでもらえればと思います。各言語の詳細な文法は、別途参考書籍などで学習してください。

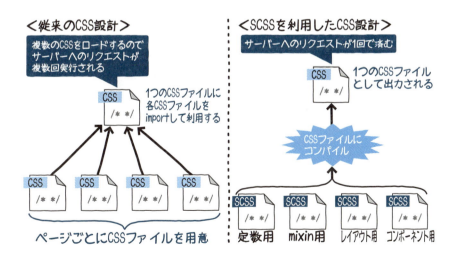

図4.2　スタイルシート言語を利用したCSS設計

4.2.1 Sass

SassはRubyベースのオープンソースソフトウェアです。Sassの記述方法はSass形式とSCSS形式の2種類が存在しますが、ここではCSSの記述方法により近いSCSS形式で紹介します。

SCSS形式のファイル拡張子は.scssです。コンパイルするには、手元のローカルPCにアプリケーションをインストールする必要があります。インストール方法は以下の公式ドキュメントを参考にしてください。

「Sass: Syntactically Awesome Style Sheets」
⇒ http://sass-lang.com/

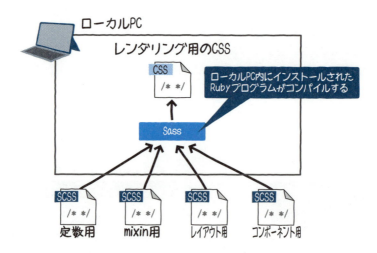

図4.3　SCSSファイルをコンパイルすることでCSSを生成する

◉ セレクタをネストできる

Sassはセレクタをネストして記述できるので、非常に見通しが良いコードになります。以下に例を挙げます。

リスト4.1　Sassの記述例

```
.blk-A {
    display: block;
    .title {
        font-weight: bold;
    }
    &.is-sp {
        display: none;
    }
}
```

コンパイルすると、リスト4.2のCSSが生成されます。

リスト4.2　リスト4.1をコンパイルして生成されるCSS

```
.blk-A {
    display: block;
}

.blk-A .title {
    font-weight: bold;
}

.blk-A.is-sp {
    display: none;
}
```

　.blk-Aというセレクタの名称を変えたい場合は1カ所を変更するだけで、それに付随するセレクタも変更されるので非常にメンテナンス性が高いです。ただし、あまりネストは深くしない方がいいでしょう。ネストが深くなりすぎると、子孫セレクタの記述が増えてCSSファイルが肥大化します。子孫セレクタの使いすぎは表示速度の遅延につながるので必ずしも推奨されていません（メンテナンス性とのトレードオフとなります）。

　子孫セレクタを使わずにネストさせる方法も存在します。「BEM」というCSSの命名規則を利用すると、リスト4.3のように書くことができます。

リスト4.3　BEMによるネスト

```
.blk-A {
    display: block;
    &__title {
        font-weight: bold;
    }
}
```

コンパイルすると、リスト4.4のCSSが生成されます。

リスト4.4　リスト4.3をコンパイルして生成されるCSS

```
.blk-A {
    display: block;
}

.blk-A__title {
    font-weight: bold;
}
```

&__titleという記述をすることにより、子孫セレクタを使わずにネストさせることができました。BEMについての詳細は、以下のWebサイトを参考にしてください。

「BEMによるフロントエンドの設計 - 基本概念とルール| CodeGrid」
⇒ https://app.codegrid.net/entry/bem-basic-1

●CSSでも変数が使える

　従来のCSSでは変数が使えないので、カラー指定などは都度プロパティに16進数の数値を記述する必要がありました。この場合、カラーやサイズを変更したくなった際はエディタの機能を使って置換をする必要があります。しかし、置換は予期しない結果が発生するケースもあるので、やや信頼性に乏しい作業です。
　変数を利用することでメンテナンス性も高くなるので、非常に便利です。Sassでは、以下のように変数を使うことができます。

リスト4.5　変数によるプロパティ指定

```
// 変数
$blk_width  : 600px;
$color_home : #FF0000;
$color_about : #00FF00;

// セレクタ
.blk-A {
    width: $blk_width;
}

.blk-A--home {
    background: $color_home;
}

.blk-A--about {
    background: $color_about;
}
```

筆者は、数値などの情報は極力、変数化するようにしています。現在は再利用を考えていないモジュールでも、後々再利用したいケースが出てくるかもしれないからです。

図4.4　変数を使っておくと変更しやすくなる

◉CSSでも関数が使える

Sassには「mixin」という機能があります。mixinに関数を定義して、「include」で実行します。簡単な例を紹介します（リスト4.6）。

リスト4.6　関数の定義と実行

```
// mixinの定義
@mixin opacity($alpha) {
    opacity: $alpha;
    -ms-filter: "alpha(opacity=#{alpha * 100})";
    filter: alpha(opacity=#{$alpha * 100});
}

.blk-A {
    // mixinの実行
    @include opacity(0.5);
}
```

コンパイルすると、リスト4.7のCSSが生成されます。

リスト4.7　リスト4.6をコンパイルして生成されるCSS

```
.blk-A {
    opacity: 0.5;
    filter: alpha(opacity=50);
}
```

Internet Explorer 7などの古いブラウザはopacityプロパティに対応していないので、別途filterプロパティを記述する必要があります。このopacityとfilterの2つの記述を毎回セレクタに記述すると、非常にメンテナンス性が下がります。ですので、リスト4.6では、mixinを利用して簡素に記述できるようにしました。透明度もmixinの引数で変更可能になっています。

mixin以外にも数値を返すだけの関数も使うことができます（リスト4.8）。

リスト4.8　数値を返すだけの関数を使う

```scss
// 関数定義
// $target: その対象のサイズ
// $base   : 対象の親要素のサイズ
@function px2per($target, $base){
    @return $target / $base * 100%;
}

.blk-A {
    width: px2per(656, 937);
}
```

コンパイルすると、リスト4.9のCSSが生成されます。

リスト4.9　リスト4.8をコンパイルして生成されるCSS

```css
.blk-A {
    width: 70.01067%;
}
```

リキッドデザイン[*1]のページを作成する際、幅はピクセルではなくパーセンテージで指定したい場合があります。その際に上記の関数を利用すると、簡単にデザイン通りのパーセンテージを算出することができます。

●セレクタの継承ができる

Sassはセレクタの継承も可能です。実例を紹介します。

リスト4.10　セレクタの継承

```scss
// 親セレクタ
.wf {
    font-family: 'Montserrat', sans-serif;
}

// 継承
.blk-A {
```

続く→

【*1】ブラウザの幅に合わせてコンテンツの表示領域が可変となるようなデザインのこと。

```
    @extend .wf;
    display: table-cell;
}
```

コンパイルすると、リスト4.11のCSSが生成されます。

リスト4.11　リスト4.10をコンパイルして生成されるCSS
```
.wf,.blk-A {
    font-family: 'Montserrat', sans-serif;
}
.blk-A {
    display: table-cell;
}
```

@extend.wfと記述することで、blk-Aクラスにwfクラスを継承することができました。非常に便利な機能なのですが、コンパイル後のCSSが複雑になってしまい、容量も肥大化するので限定的な使い方を推奨します。

* * *

これまでに見てきたようにSassは便利なのですが、常にコンパイル後のCSSも意識して構造を組み立てることが重要だと筆者は考えます。

4.2.2　SassファイルをコンパイルしてCSSファイルに出力

では、実際にSassファイルをCSSにコンパイルする方法を紹介します。コンパイルはコマンドライン[*2]で実行します。まずはSassファイルが保存されている場所にコマンドラインから移動してください（例：cd ~/Project/sample/）。その後、リスト4.12のようにコマンドを実行します。

リスト4.12　CSSへのコンパイル
```
sass sample.scss:sample.css --style expanded
```

sample.scssに記述された内容でsample.cssへとコンパイルされます。SCSSファイル

[*2] 以降のコマンドの説明はLinuxの場合の説明とする。

を監視して、ファイルに変更があった際に即時コンパイルを実行したい場合は、リスト4.13のようにコマンドを入力します。

リスト4.13　Sassファイルの変更時に即時コンパイルを実行する
```
sass --watch sample.scss:sample.css
```

　上記の2つのコマンド以外にもさまざまなコマンドが存在します。sass --helpを実行すると、コマンドライン上でマニュアルを見ることができます。フォルダをまるごと監視する、などといったことも可能なので一読をおすすめします。

4.3　JavaScript

　スマートフォンの普及やブラウザの進化によりFlashが下火になってからは、Webアプリケーションにおけるフロントエンドの事実上の主役はJavaScriptになりました。HTML5 APIの新しい機能が日々ブラウザに搭載され、デスクトップアプリケーションのようなこともブラウザ上で徐々に可能となっています。

　できることが多くなったということは、JavaScriptでプログラムをたくさん書かなければならない！ ということです。ですが、ご安心ください。JavaScriptのベストプラクティスは昨今非常に充実しています。

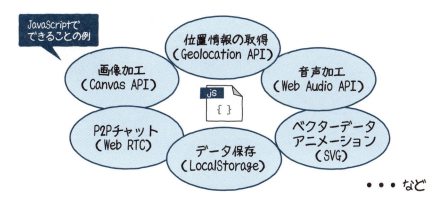

図4.5　JavaScriptで昨今できること

4.3.1 JavaScript ライブラリ 3 種の神器

JavaScriptはEcma Internationalによって標準化された「ECMAScript」の方言のような言語です。そのECMAScriptのバージョン6を取り入れたJavaScriptが各ブラウザに搭載されれば、これから紹介するライブラリは無意味なものになってしまうかもしれません。しかし、執筆時現在ではInterner Explorerの古いバージョンに対応しなければならなかったり、実際の制作現場ではライブラリに助けてもらったりすることが多々あります。いくつか紹介しておきましょう。

◉jQuery

「jQuery」
⇒ http://jquery.com/

もうすでにご存知かもしれませんが、DOMの扱いを非常に簡単にしてくれるライブラリです。DOMの扱いもそうですが、筆者がjQueryで一番気に入っている仕様は「Deferred」と呼ばれる非同期機能です。JavaScriptに慣れていない方はPHPなどの言語とは違う"非同期"の扱いに非常に苦しむかもしれませんが、Deferredの仕組みを理解することで解消できるはずです。

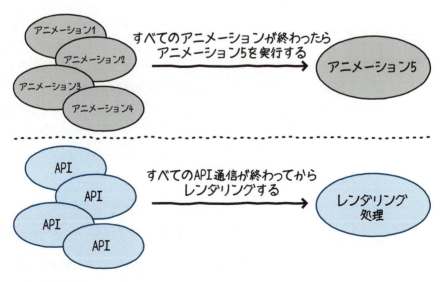

図4.6 非同期処理

Deferredの具体的な利用例を紹介します。

一定時間たった後のイベントを取得したい場合

リスト4.14　Defferedの利用例

```
var wait =  function(time) {
    return $.Deferred(function (defer) {
        setTimeout(function () {
            return defer.resolve();
        }, time);
    });
};

// 3秒後にログを表示
wait(3000).done(function() {
    console.log('Hello World');
});
```

リスト4.15　Defferedの利用例（Ajax）

```
$.ajax({
    url: '/api/mydata.json',
    type: 'get',
    dataType: 'json',
    data: {id: 123},
})
.done(function(data) {
    console.log("success", data);
})
.fail(function() {
    console.log("error");
})
.always(function() {
    console.log("complete");
});
```

jQueryは現在2つの系統に分かれています。1系はInternet Explorer 8をサポートしますが、2系はサポートしません。作成するWebアプリケーションのターゲットブラウザによって使い分けしましょう。

◉Underscore.js

「Underscore.js」
⇒ http://underscorejs.org/

「Underscore.js」は筆者が一番気に入っているもので、配列やオブジェクトの操作などを扱う関数ライブラリです。PHPは配列操作に非常に便利な関数をネイティブで取りそろえていますが、JavaScriptにはありません。しかし、Underscore.jsを利用すれば非常に強力な配列やオブジェクト操作が可能になります。

スマートフォンブラウザはECMAScript 5がおおよそ使えるので、配列やオブジェクトの操作に使える関数はUnderscore.jsを使わなくても同じことが利用可能です。ですが、それだけではない、有効な機能をここでは紹介します。

is関数

値のバリデーション（検証）で利用できます。ネイティブで書くのは少し面倒ですが、Underscore.jsを利用すれば非常に短く書くことが可能です。

リスト4.16　is関数によるバリデーション（isEmptyの例）

```
LoadItems.prototype.getItems = function(tag, isMore) {

    // dataObjオブジェクトが空の場合の処理
    if ( _.isEmpty(this.dataObj) ) {
        this.showError();
        return;
    }

    // 後の処理……

};
```

isEmpty以外にも、isUndefined、isArrayなどさまざまなis関数があるのでぜひ利用

してみてください。

テンプレート機能

　サーバーが書き出したJSON形式のオブジェクトを解析してHTMLに表示するというのは、Webアプリケーションの基本的なパターンです。この表示するHTMLのひな形（テンプレート）はUnderscore.jsを利用すると、セキュアでメンテナンスしやすくなります。

　Underscore.jsを使わないと、恐らくリスト4.17のような実装方法になると思います。

リスト4.17　JSON形式のオブジェクトを解析してHTMLに表示する例

```
// 表示させたいデータ
var myData = {
    title: 'My Profile',
    description: 'About My <b>Profile</b>',
    tags: ['profile', 'info'],
    content: 'Lorem ipsum Sed officia incididunt non dolore pariatur in ⇒
consectetur nostrud ad consectetur velit quis Ut ullamco enim.'
};

// サニタイズ関数
function encode(str) {
    return str.replace(/&/g, '&amp;')
    .replace(/</g, '&lt;')
    .replace(/>/g, '&gt;')
    .replace(/"/g, '&quot;')
    .replace(/'/g, '&#39;');
}

// レンダリング関数
function render(obj) {
    var html = [];

    html.push('<div class="blk">');
    html.push('<div class="blk__title">');
```

続く→

```javascript
        html.push( encode(obj.title) );
        html.push('</div>');
        html.push('<div class="blk__description">');
        html.push( encode(obj.description) );
        html.push('</div>');
        html.push('<ul>');
        obj.tags.forEach(function(tag){
            html.push('<li>');
            html.push(encode(tag));
            html.push('</li>');
        });
        html.push('</ul>');
        html.push('<div class="blk__content">');
        html.push( encode(obj.content) );
        html.push('</div>');
        html.push('</div>');

        return html.join('');
}

$('#render').html( render(myData) );
```

　HTMLのテンプレート部分がJavaScriptプログラムの中に入り込んでいるので非常に見通しが悪く、メンテナンス性もかなり低いです。また、サニタイズ関数も都度実行しているので、ある個所のみ設定し忘れた！ という状況も考えられます（これはXSS脆弱性につながります）。

　ところが、Underscore.jsのテンプレート機能を使うと、以下のようになります。まずはHTMLファイル側に以下のようなテンプレートブロックを作成します（リスト4.18）。

リスト4.18　HTMLファイルにテンプレートブロックを用意する

```html
<script id="js_template" type="text/x-template">
<div class="blk">
    <div class="blk__title"><%- title %></div>
```

```
        <div class="blk__description"><%- description %></div>
        <ul>
            <% for (var i = 0; i < tags.length; i++){ %>
            <li><%- tags[i] %></li>
            <% } %>
        </ul>
        <div class="blk__content"><%- content %></div>
</div>
</script>
```

このテンプレートを元にレンダリングします（リスト4.19）。

リスト4.19　テンプレートを元にレンダリング

```
// 表示させたいデータ
var myData = {
    title: 'My Profile',
    description: 'About My <b>Profile</b>',
    tags: ['profile', 'info'],
    content: 'Lorem ipsum Sed officia incididunt non dolore pariatur in⇒
consectetur nostrud ad consectetur velit quis Ut ullamco enim.'
};

var template = _.template( $('#js_template').html() );

function render(obj){
    return template(obj);
}

$('#render').html( render(myData) );
```

View（レスポンスの描画）の部分をHTMLに任せてしまって、ロジックはJavaScriptで制御できるので非常にメンテナブルになりました。Webアプリで、このテンプレート機能はかなり重要な役割になります。Underscore.js以外にも「Handlebars.js」など、より高機能なテンプレートエンジンもあるので自分の好みにあったものを探すといい

でしょう。

> **COLUMN**
> **HTML5によるテンプレート機能の実装？**
> HTML5ではtemplateタグというものがありますが、各ブラウザにこの機能が実装されればUnderscore.jsのテンプレート機能もお役御免になるかもしれません。

◉Modernizr

「Modernizr: the feature detection library for HTML5/CSS3」
⇒ http://modernizr.com/

　Webアプリはさまざまなブラウザ環境に対応する必要があります。以前はJavaScriptでユーザーエージェントを取得して、ブラウザ単位の分岐処理を行っていました。しかし、スマートフォンやタブレットを含めるとブラウザ環境は膨大な数になり、1つ1つの環境に振り分けて処理を行うのは無理があります（if文を数十個も書くのは嫌ですよね）。

　そこで、最近は機能別の分岐処理を行うのが通常です。例えばCSSアニメーション処理で使うanimationプロパティはInternet Explorer 9以下では対応していません。このプロパティの有無で分岐を行うのです。

図4.7　機能別に分岐させて処理を変える

　当然、animationプロパティ以外にも機能はたくさんありますので、1つずつ自分で調べるのは骨が折れます。そこで「Modernizr」を利用しましょう。Modernizrを利用すれば以下のように簡単に機能での分岐が可能です。
　JavaScriptで利用する場合は、グローバルにあるModernizrオブジェクトを参照して分岐します。

リスト4.20　Modernizrによる分岐

```
if(Modernizr.canvas){
    // canvas対応ブラウザにのみ処理
    var canvas = $('#canvas')[0];
    var context = canvas.getContext('2d');
```

続く→

```
    // 以下canvasアニメーション処理
}
else {
    alert('このアプリケーションはお使いのブラウザに対応していません');
}
```

CSSで利用する場合は、htmlタグにno-opacity、opacityなどのクラス名が割り振られるので、それらを利用します。

リスト4.21　Modernizr用のCSS設定

```
.blk {
    opacity: 0.5;
}
html.no-opacity .blk {
    display: none;
}
```

ライブラリをダウンロードする際に必要な機能のみを選択することも可能です。当然ライブラリの容量が小さくなり、読み込みも速くなります。

＊　＊　＊

以上に紹介した「jQuery」、「Underscore.js」、「Modernizr」の3つのライブラリを利用すれば、環境の違いはほぼ吸収可能です。

COLUMN

CDNを利用する

　これまでに紹介した3つのライブラリは、ベンダーが提供するCDN（コンテンツデリバリネットワーク）を利用して読み込むことも可能です。jQueryなどはよく利用されているので、ユーザーのPCにすでにキャッシュされており、読者のアプリケーションを利用する際にjQueryを再度読み込む必要がないので、若干読み込みが速くなる可能性があります。またアプリケーションサーバへのリクエストも減るので、サーバーの負担を減らせます。

4.3.2 JavaScript の構文チェック

　JavaScriptはスクリプト言語です。コンパイラが存在しないので、ブラウザ上ですぐに実行が可能です。その半面、場合によっては謎のエラーに悩まされたりします。エラー原因の大半は変数名のタイプミスや、；の抜けなど、イージーミスです。後ほど紹介しますが、Chromeは非常に優秀なので、エラーの行数まで表示はしてくれますが、内容によっては表示されないこともあります。

　そこでJavaScriptが策定されたルールに基づいてきちんと記述されているかをチェックしてくれる方法があります。いくつかありますが、ここでは最もポピュラーな「JSHint」を紹介します。

「JSHint, a JavaScript Code Quality Tool」
　⇒ http://jshint.com/

　例えば、以下のソースを上記のページに入力してみましょう。

リスト4.22　JSHintで構文チェックをしてみる

```
alert('Hello World')
```

　すると画面右側に「1　　Missing semicolon.」と警告が出ているのがわかります。JavaScriptは非常に規則がゆるい言語ですので、セミコロンがなくても実行できてしまいますが、後々のバグの温床になるのでルールに従って記述するのがいいでしょう。ちなみに、PHPなど他の言語はセミコロンがないだけで実行できないことがあります。

図4.8　ルールから外れている部分をチェックしてくれる

ただ、都度ブラウザにコピー&ペーストしてチェックするのが面倒に思えるかもしれませんので、これを自動化する方法を後ほど紹介します（Sublime TextやWeb Stormなどモダンなエディタには、エディタ自体にチェック機能が搭載されているものもあります）。

4.3.3 JavaScriptでのオブジェクト指向的開発

JavaScriptはプロトタイプベースのオブジェクト指向プログラミング（OOP：Object Oriented Programming）言語です。現在JavaScriptにPHPのようなクラスは存在しませんが、「prototypeプロパティ」を利用してオブジェクト指向的に開発することが可能です。

◉クラス

他の言語でいうところのクラスをJavaScriptで実装すると以下のようになります。

リスト4.23　JavaScriptでクラスを実装する

```javascript
// コンストラクタ
function Animal(el) {
    this.$el = $(el);
    this.name = '';
    this.speed = 1;
    this.x = 0;
}

// クラス関数
Animal.prototype.sayName = function() {
    var that = this;
    console.log(that.name);
};

Animal.prototype.walk = function() {
    var that = this;
    that.x += that.speed;
    that.$el.css('left', that.x + 'px');
```

```
};

// インスタンス生成
var animal = new Animal('#animal');
animal.name = 'Taro';
// console.log上で'Taro'と出力される
animal.sayName();

// クラス関数の実行
// animalが右に1pxづつ進む
(function tick() {
    window.requestAnimationFrame(tick);
    animal.walk();
}());
```

 JavaScriptでは残念ながら他の言語のようなカプセル化やインターフェースといった機能は提供されていません。ですが、カプセル化は「クロージャ」を駆使すれば似たようなことは可能です。リスト4.23のサンプルのクラスをクロージャを利用して書き換えてみます（リスト4.24）。

リスト4.24　クロージャを利用してJavaScriptのクラスを実装する

```
var Animal = (function () {

    var name = 'Sadaharu';

    function Animal(el) {
        this.$el = $(el);
        this.speed = 1;
        this.x = 0;
    }

    Animal.prototype.sayName = function() {
        console.log(name);
    };
```

続く→

```
        Animal.prototype.walk = function() {
            var that = this;
            that.x += that.speed;
            that.$el.css('left', that.x + 'px');
        };

        return Animal;

    }());

    // インスタンス生成
    var animal = new Animal('#animal');
    animal.name = 'Taro';
    // console.log上で'Sadaharu'と出力される
    animal.sayName();
```

nameプロパティを外部から変更不可能にするように関数内の変数に変更しました。このようにして、外部から値を変更できないようにすることもクロージャを利用すると可能になります。

◉継承

JavaScriptのオブジェクト指向プログラミングでは、継承も以下のような記述で可能です。

リスト4.25　JavaScriptでprototypeを継承する

```
    // 親クラス
    var Animal = (function () {

        var name = 'Sadaharu';

        function Animal(el) {
            this.$el = $(el);
            this.speed = 1;
```

```javascript
        this.x = 0;
    }

    Animal.prototype.sayName = function() {
        console.log(name);
    };

    Animal.prototype.walk = function() {
        var that = this;
        that.x += that.speed;
        that.$el.css('left', that.x + 'px');
    };

    return Animal;

}());

// 子クラス
var Dog = (function () {
    function Dog(el) {
        // 親クラスのコンストラクタを実行
        Animal.call(this, el);
    }
    Dog.prototype.bark = function() {
        console.log('wan!wan!');
    };
    return Dog;
}());

// jQueryのextendを利用してプロトタイプ継承
$.extend(Dog.prototype, Animal.prototype);

var dog = new Dog('#dog');
```

続く→

```
// console.log上で'Sadaharu'と出力される
dog.sayName();
// console.log上で'wan!wan!'と出力される
dog.bark();

dog.speed = 10;

// animalが右に10pxずつ進む
(function tick() {
    window.requestAnimationFrame(tick);
    dog.walk();
}());
```

　オブジェクトのprototypeを簡単に継承するために、jQueryのextend関数を利用しているのがポイントです。

　また、これはモダンブラウザに限られますが、JavaScriptのネイティブ機能のみで継承させることも可能です。筆者は以下のようなクラス関数を用意して継承することが多いです。JavaScript1.8.5からObject.createなど、JavaScriptでオブジェクト指向プログラミングをするための機能が非常に充実しています。

リスト4.26　class_extend.js（https://gist.github.com/hokaccha/5175064で公開）

```
var Animal = Class.extend({
    // コンストラクタ
    init: function(el) {
        this.$el = $(el);
        this.speed = 1;
        this.x = 0;
    },
    walk: function() {
        var that = this;
        that.x += that.speed;
        that.$el.css('left', that.x + 'px');
    }
});
```

```javascript
var Dog = Animal.extend({
    init: function(el) {
        this._super(el);
    }
});

var animal = new Animal('#animal');
var dog = new Dog('#dog');
dog.speed = 10;

(function tick() {
    window.requestAnimationFrame(tick);
    dog.walk();
    animal.walk();
}());
```

●実践する際のポイント

　これまでに紹介したように、JavaScriptでオブジェクト指向プログラミングをするには、いくつかの方法があります。作成するアプリのターゲットブラウザに合わせて採用するといいでしょう。

　筆者は実際にアプリを作成する場合は、クラス別（便宜上ここではクラスと呼びます）にJavaScriptファイルを分けて管理しています。1つのファイルにすべてのコードを書くと非常に見通しが悪くなってしまい、生産性が下がるからです。それに、ファイルを分けておくことでお気に入りの自作ユーティリティクラスなどを他のプロジェクトでそのまま使い回すことも可能になります。

　筆者が使う例でいうと、ライトボックスのようなモーダルウィンドウやスライドショーの実装でよく継承パターンを利用します。このページではこういう見せ方をしたいけど、別のページでは見せ方を少し変えたい、というリクエストがあった場合に2つのスクリプトを用意するのは手間ですし、メンテナンス性も低くなってしまいます。なので、そういう場合は共通する機能を親クラスに設定してオリジナルの動作のみを子クラスで設定します。

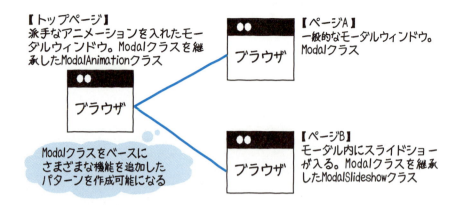

図4.9 クラス別にファイルを分けておけば応用が楽になる

　図4.9の例であれば、ベースとなるモーダルクラスを極力シンプルに設計しておくと、他の案件でも使い回しが効いて自分専用のライブラリにすることも可能になります。
　JavaScriptのオブジェクト指向プログラミングはさまざまな手法が検討されています。コンストラクタの実行タイミングなども、実装の方法によっては異なってきます。大規模なアプリケーションを複数人で開発する場合は、擬似的にクラスが利用可能な「CoffeeScript」や「TypeScript」などAltJSと呼ばれる代替言語を利用するのもいいでしょう。これらはクラスが利用可能なので、PHPなど他の言語と同様に記述方法が統一され、見通しの良いコードになります。

4.4　タスクランナーを利用した自動化

　フロントエンドでの役割が増えた、ということはソースコードの量も比例して増えているわけです。メンテナンス性を考慮してCSSやJavaScriptファイルを分割して記述すると、HTML側でその分だけのファイルを読み込む必要があります。

リスト4.27　多くのCSS、JavaScriptを読み込むHTML

```
<!doctype html>
<html lang="ja">
<head>
```

```html
    <meta charset="UTF-8">
    <title>Document</title>
    <link rel="stylesheet" href="styles/reset.css"/>
    <link rel="stylesheet" href="styles/foundation.css"/>
    <link rel="stylesheet" href="styles/utils.css"/>
    <link rel="stylesheet" href="styles/layout.css"/>
    <link rel="stylesheet" href="styles/modal.css"/>
    <link rel="stylesheet" href="styles/slideshow.css"/>
    <link rel="stylesheet" href="styles/animation.css"/>
    <link rel="stylesheet" href="styles/modules.css"/>
</head>
<body>

<script src="script/vendor/jquery.js"></script>
<script src="script/vendor/underscore.js"></script>
<script src="script/utils.js"></script>
<script src="script/Animal.js"></script>
<script src="script/Dog.js"></script>
<script src="script/Cat.js"></script>
<script src="script/Modal.js"></script>
<script src="script/ModalAnimation.js"></script>
<script src="script/Main.js"></script>
</body>
</html>
```

　この記述方法だと、CSSとJavaScriptの読み込みだけでサーバーへのリクエストが17回実行されてしまいます。リクエスト数を減らせばページの表示スピードを高速化することが可能になりますし、さらにサーバーサイドでAmazon Web Servicesなど従量課金制のクラウドサービスを利用している場合は、お財布にも優しくなります。

　しかし、リクエスト量を減らすためにファイル数を減らし、1個のファイルにすべての内容を書いてしまってはメンテナンス性が下がってしまいます。ではどうすればいいのでしょうか。

4.4.1　タスクランナーとは

　先に述べたようにJavaScriptはブラウザ以外にも利用可能です。「Node.js」と呼ばれるサーバーサイドで使われるJavaScript実行環境を自分の環境にインストールすると、Perlなど他の言語同様にファイルのRead/WriteなどがJavaScriptで可能になります（Node.jsについての詳細は第6章を参照してください）。

　そしてNode.jsにはフロントエンド開発の負担を大幅に軽減する「タスクランナー」と呼ばれるアプリケーションが存在しています。これらを利用してCSSファイルやJavaScriptファイルの結合を行います。

　タスクランナーの代表的なものには「Grunt.js」と「gulp.js」と呼ばれるアプリケーションがあります。

「Grunt: The JavaScript Task Runner」
　⇒ http://gruntjs.com/
「gulp.js - the streaming build system」
　⇒ http://gulpjs.com/

　ここでは、最近人気がある「gulp.js」で説明します。細かな違いはありますが、両者でできることに違いはありません。流行しているものの方が開発も活発で便利なプラグインの登場も今後期待できるので、特に理由がない限り、このようなアプリケーションは人気のある方を採用することをおすすめします。

◉Node.jsのインストール

　gulp.jsを自身のマシンで実行するにはプラットフォームを用意する必要があります。まずはNode.jsをマシンにインストールしましょう。インストールは非常に簡単で、以下のページからインストーラーをダウンロードしてGUI操作でインストールするだけです。

「Node.js」
　⇒ http://nodejs.org/

　インストール後に、リスト4.28のコマンドをコマンドラインで実行してみましょう。

リスト4.28　Node.jsのバージョンを表示する
```
node -v
```

バージョンが表示されればインストール完了です。

> **COLUMN**
> ## Node.jsのバージョンを複数共存させるには
>
> 　複数バージョンのNode.jsを利用したい場合は、「nvm」と呼ばれるアプリケーションを利用するといいでしょう。例えば、0.12.4と0.11系の両方のバージョンをインストールすることができ、業務では0.11系だけど0.12系で新しい機能を試してみたい！といったような使い方も可能になります。
>
> 「creationix/nvm」
> ⇒https://github.com/creationix/nvm

●gulp.jsのインストール

　続いて、gulp.jsをインストールします。といっても、リスト4.29のコマンドをコマンドラインで実行するだけです。

リスト4.29　gulp.jsのインストール
```
npm install -g gulp
```

　-gオプションを付けてインストールすると、マシンのグローバル環境にインストールします。こうしておくと、どこからでもgulpを実行できるので便利です。パーミッションエラーが出たら「sudo npm install -g gulp」と実行してください。
　インストール後にリスト4.30のコマンドを実行して、バージョンが表示されるか確認しましょう。

リスト4.30　gulp.jsのバージョンを表示する
```
gulp -v
```

4.4.2　タスクのレシピを作成する

　いよいよ、自動化する処理内容となる「タスク」を作成していきます。ここではやりたいことを以下のように定義します。

- Sassのコンパイル
- ベンダープリフィックスの自動付与
- JavaScriptファイルの結合
- JSHintでJavaScriptの文法チェック
- ファイルの更新チェック
- タスク完了後にブラウザのリロード

　これらについて、1つ1つコマンドラインを叩いて実行させるのは非常に面倒です。タスクランナーに任せてしまえば、1回の命令でこれらすべてを実行することが可能になります。

図4.10　タスクランナーを使えばかなり省力化できる

まずは、図4.11のようなディレクトリ構成を用意します。各ファイルやディレクトリは空のままで構いません。

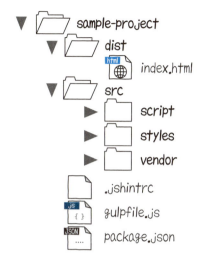

図4.11　タスクランナー使用の準備

続いて、作成したsample-projectディレクトリにカレントディレクトリを移動します。コマンドラインで移動する場合は、「cd ~/Desktop/sample-project」のようにコマンドを入力します。指定した位置にちゃんと移動できているか確認する場合は、pwdコマンドを入力して、自分がどこにいるのか確認するといいでしょう。

●package.jsonの作成

初めに、利用したいNode.jsモジュールをインストールします。インストールしたいモジュールをpackage.jsonに記述します。ここではリスト4.31のように設定します。

リスト4.31　利用したいNode.jsモジュールを指定する

```
{
    "devDependencies": {
        "gulp": "^3.8.8",
        "browser-sync": "^1.5.8",
        "jshint-stylish": "^1.0.0",
        "gulp-load-plugins": "^0.7.0",
        "gulp-autoprefixer": "^1.0.0",
```

続く→

```
            "gulp-jshint": "^1.8.5",
            "gulp-concat": "^2.4.1",
            "gulp-plumber": "^0.6.6",
            "gulp-ruby-sass": "^0.7.1"
        }
}
```

表4.1 主なモジュール

モジュール名	内容
gulp	gulp本体
browser-sync	ローカルサーバーの実行及び自動リロード
jshint-stylish	JSHintの結果を表示する
gulp-load-plugins	gulpプラグインの自動ロード
gulp-autoprefixer	ベンダープリフィックスの自動付与
gulp-jshint	JSHintの実行
gulp-concat	JavaScriptファイルの結合
gulp-plumber	エラーになってもgulpの実行を止めないプラグイン
gulp-ruby-sass	sassファイルのコンパイル

　package.jsonがある階層で「npm install」とコマンドを入力すると、モジュールがローカルディレクトリにインストールされます。node_modulesというディレクトリが作成されて図4.12のような状態になっていればインストール成功です。

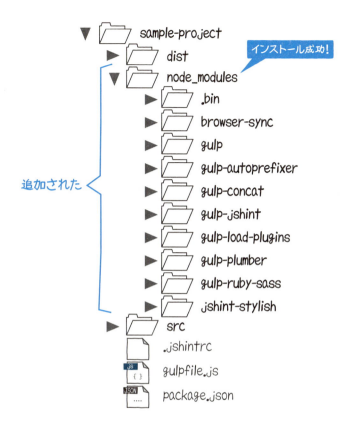

図4.12 Node.jsモジュールがインストールされた

●gulpfile.jsの作成

続いて、具体的なタスク内容をgulpfile.jsに記述していきます。まずはインストールしたモジュールを読み込みます。

リスト4.32 モジュールを読み込む

```
var path       = require('path'),
    gulp       = require('gulp'),
    $          = require('gulp-load-plugins')(),
    browserSync = require('browser-sync'),
    reload     = browserSync.reload;
```

gulp-load-pluginsを利用しているので、プリフィックスに「gulp-」と付いたモジュールはrequireする必要がありません。そしてCSSのコンパイルタスクを追加します。

リスト4.33　CSSのコンパイルを追加
```
var autoprefixer = [
    'ie >= 10',
    'ff >= 30',
    'chrome >= 34',
    'safari >= 7',
    'opera >= 23',
    'ios >= 7',
    'android >= 4'
];

gulp.task('styles', function(){
    return gulp.src('src/styles/**/*.scss')
        .pipe($.plumber())
        .pipe($.rubySass())
        .pipe($.autoprefixer({browsers: autoprefixer}))
        .pipe(gulp.dest('dist/styles'))
        .pipe(reload({stream: true, once: true}));
});
```

このタスクは「styles」という命名にしました。この時点で適当なSCSSファイルを「src/styles/main.scss」として用意してコンパイルを実行してみましょう（ファイル内が空だと実行されないので、何かCSSを書いてください）。リスト4.34のコマンドでコンパイルできます。

リスト4.34　SCSSファイルをコンパイルする
```
gulp styles
```

「dist/styles/main.css」が生成されていれば、無事コンパイル成功です。
「autoprefixer」は自動でプリフィックスを付与してくれる便利なプラグインです。例えば、上記の変数autoprefixer配列の「android >= 4」を「android >= 2.3」に変更後、

SCSSファイルにリスト4.35のCSSを記述して「gulp styles」を実行してみましょう。

リスト4.35　元となるSCSS
```
.hoge {
    background-size: 300px auto;
}
```

これをコンパイルすると、リスト4.36のCSSが生成されます。

リスト4.36　生成されるCSS
```
.hoge {
    -webkit-background-size: 300px auto;
        background-size: 300px auto; }
```

　Android 2.3でbackground-sizeプロパティを利用する場合はベンダープリフィックス[*3]が必要なので、autoprefixerが自動で付与してくれているのがわかります。以前はSassを利用する際はCompassやBourbonなどのSassライブラリを利用してクロスブラウザ対応を行っていましたが、最近はautoprefixerを利用して済ませてしまうケースがほとんどです。ライブラリに縛られてさまざまな不都合なことが発生するかもしれないので（自分の環境ではコンパイルできるが、共同作業者のPCではコンパイルできなかった等々）極力軽いプロジェクトを目指すのが筆者の好みです。

　autoprefixerは「Can I Use」というWebサイトの情報に基づいて実行されています。どのプロパティがどのブラウザから対応しているのかを調べるのに非常に便利なサイトなので、ブックマークに入れておくといいでしょう。

「Can I use... Support tables for HTML5, CSS3, etc」
⇒ http://caniuse.com/

　続いて、JavaScriptライブラリを結合して1つのファイルにまとめてみます。いま、src/vendorディレクトリにjQueryとUnderscore.jsが入っているとします。gulpfile.jsにリスト4.37のように追記します。

リスト4.37　gulpfile.jsに結合対象のライブラリを指定する
```
gulp.task('vendor', function(){
```

続く→

[*3] レガシーブラウザはbackground-sizeなど一部のプロパティを独自実装しているため、プロパティの前に-webkit-や-moz-などの「ベンダープリフィックス」を付与する必要がある。

```
    return gulp.src(['src/vendor/*.js'])
        .pipe($.concat('vendor.js'))
        .pipe(gulp.dest('dist/scripts'));
});
```

 「src/vendor/*.js」と記述することで、vendorディレクトリ内にあるjsファイルすべてが結合対象になります。jQueryとUnderscore.jsには依存関係がなく、結合する順番はどうでもいいので、「*.js」と記述しても構いません。

 jQueryプラグインを結合する場合はjQueryと依存関係になるので、配列内を結合したい順番通りに1つずつ記述します。これも「gulp vendor」と実行してみると、dist/scripts/vendor.jsが生成されているはずです。

 ライブラリ以外の自分で作成したJavaScriptファイルも結合してみます。リスト4.38のタスクを追記します。

リスト4.38　自作ライブラリを結合する

```
gulp.task('scripts', function(){
    return gulp.src([
        path.join('src/scripts/_wrapper/intro.js'),
        path.join('src/scripts/models/**/*.js'),
        path.join('src/scripts/views/**/*.js'),
        path.join('src/scripts/main.js'),
        path.join('src/scripts/_wrapper/outro.js')
    ])
    .pipe($.plumber())
    .pipe($.concat('main.js'))
    .pipe($.jshint('.jshintrc', {fail: true}))
    .pipe($.jshint.reporter(require('jshint-stylish')))
    .pipe(gulp.dest('dist/scripts'))
    .pipe(reload({stream: true, once: true}));
});
```

 ここでは少し複雑なことをしています。すべてを結合するのはいいのですが、できれば不要なものは外部からアクセスさせたくはありません。ですので、全体をクロージャでくくってアクセスできないようにしています。それが、「src/scripts/_wrapper/

intro.js」と「src/scripts/_wrapper/outro.js」です。

リスト4.39　intro.js
```
;(function($, window){
```

リスト4.40　outro.js
```
})(jQuery, window);
```

　この2つの中途半端な記述のファイルで全体を囲うことで、スクリプト全体が大きなクロージャで囲われたことになります。これはjQueryのソースでも実行されています。

https://github.com/jquery/jquery/tree/master/src

　全体をパッケージ化する方法は他にも「Browserify」（http://browserify.org/）や「RequireJS」（http://requirejs.org/）などを利用する方法がありますが、今回はシンプルにクロージャで囲うのみとしました。
　そして結合したファイルをJSHintで文法チェックします。文法エラーがあるとコマンドライン上に以下のようなエラーを通知してくれます。

図4.13　JSHintによる構文チェックの結果

　エラー行数は結合された後の行数になってしまいますが、「gulp-sourcemaps」を利用すると結合前のソースでの行数でも通知してくれます。
　次にローカルサーバーを立ててみます。

リスト4.41　ローカルサーバーを立てる
```
gulp.task('serve', ['styles', 'scripts', 'vendor'], function () {
    browserSync({
        server: { baseDir: "./dist" }
```
続く→

```
    });
});
```

「styles」、「scripts」、「vendor」の3つのタスクを実行した後にローカルサーバーが立ち上がります。「gulp serve」を実行してみると自動で「http:localhost:3000」にアクセスした状態でブラウザが起動します。localhostをローカルIPアドレスに変えてもアクセスできるのでスマートフォンなどでデバッグするのに便利でしょう。

最後にファイル監視の設定です。

リスト4.42　ファイル監視の設定

```
gulp.task('start', ['serve'], function () {
    gulp.watch('dist/**/*.{html,json}', reload);
    gulp.watch('src/styles/**/*', ['styles']);
    gulp.watch('src/scripts/**/*', ['scripts']);
});
```

html、scss、jsファイルを更新すると自動でタスクが実行されてブラウザがリロードします。「gulp start」とコマンドを実行してみましょう。コマンドラインの表示が以下のようになります。

図4.14　自動化を開始する

この状態でファイルを更新してみましょう。意図した動作になっているでしょうか？最後に、ここまでに作成したgulpfile.jsの全ソースを掲載しておきます。

4.43 今回作成したgulpfile.js

```js
var path        = require('path'),
    gulp        = require('gulp'),
    $           = require('gulp-load-plugins')(),
    browserSync = require('browser-sync'),
    reload      = browserSync.reload;

var autoprefixer = [
    'ie >= 10',
    'ff >= 30',
    'chrome >= 34',
    'safari >= 7',
    'opera >= 23',
    'ios >= 7',
    'android >= 4.4'
];

/**
 * ■■■■■■■ Styles ■■■■■■■■■■■■■■■■■■■■■■■■■■■■■■■■■■■
 */
// Sass
gulp.task('styles', function(){
    return gulp.src('src/styles/**/*.scss')
        .pipe($.plumber())
        .pipe($.rubySass())
        .pipe($.autoprefixer({browsers: autoprefixer}))
        .pipe(gulp.dest('dist/styles'))
        .pipe(reload({stream: true, once: true}));
});


/**
 * ■■■■■■■ JavaScript ■■■■■■■■■■■■■■■■■■■■■■■■■■■■■■■■■
 */
```

続く→

```
gulp.task('scripts', function(){
    return gulp.src([
        path.join('src/scripts/_wrapper/intro.js'),
        path.join('src/scripts/models/**/*.js'),
        path.join('src/scripts/views/**/*.js'),
        path.join('src/scripts/main.js'),
        path.join('src/scripts/_wrapper/outro.js')
    ])
    .pipe($.plumber())
    .pipe($.concat('main.js'))
    .pipe($.jshint('.jshintrc', {fail: true}))
    .pipe($.jshint.reporter(require('jshint-stylish')))
    .pipe(gulp.dest('dist/scripts'))
    .pipe(reload({stream: true, once: true}));
});

// Concat Vendor
gulp.task('vendor', function(){
    return gulp.src(['src/vendor/*.js'])
    .pipe($.concat('vendor.js'))
    .pipe(gulp.dest('dist/scripts'));
});


/**
 * ■■■■■■■■ Other ■■■■■■■■■■■■■■■■■■■■■■■■■■■■■■■■■
 */
gulp.task('serve', ['styles', 'scripts', 'vendor'], function () {
    browserSync({
        server: { baseDir: "./dist" }
    });
});
```

```
/**
 * ■■■■■■■■ User Tasks ■■■■■■■■■■■■■■■■■■■■■■■■■■■■■■■■
 */
gulp.task('start', ['serve'], function () {
    gulp.watch('dist/**/*.{html,json}', reload);
    gulp.watch('src/styles/**/*', ['styles']);
    gulp.watch('src/scripts/**/*', ['scripts']);
});
```

　gulpタスクプラグインはここで紹介した機能以外にも、CSS Spriteの生成、JavaScriptファイルのミニファイ[*4]、画像の軽量化など便利なモジュールが日々公開されています。ほとんどのプラグインがGitHubで公開されているので、「こういうタスクが欲しい！」と思ったらまずはGitHub上で探すと見つかる可能性が高いです。

　Googleからも「Web Starter Kit」と呼ばれるシングルページアプリケーション用のタスクパッケージがリリースされています。非常に高機能なのでタスク作成の参考にするといいでしょう。

「Web Starter Kit — Web Fundamentals」
　⇒ https://developers.google.com/web/starter-kit/

　また、筆者も自分用のタスクをGitHubで公開しているので参考にしてください。

「ANTON072/gulp-scaffolding」
　⇒ https://github.com/ANTON072/gulp-scaffolding

4.5　ブラウザでのデバッグ方法

　フロントエンド開発でのデバッグは、主にブラウザを利用します。おおよそのモダンブラウザには"開発者ツール"と呼ばれるものが付いているのでそれを利用します。ここではPC版のGoogle Chromeとスマートフォンブラウザでのデバッグ方法をご紹介します。

【*4】余分なスペースや改行などを取り除くことでファイルを圧縮すること。

4.5.1 PC版Chromeでのデバッグ

Chromeの開発者ツール（「デベロッパーツール」と呼びます）を起動するには、［表示］メニューから［開発／管理］→［デベロッパーツール］を選択します。これは頻繁に使うのでショートカットを覚えておいた方がいいでしょう（Windowsの場合は F12 、Mac OSの場合は ⌘ + Option + I ）。

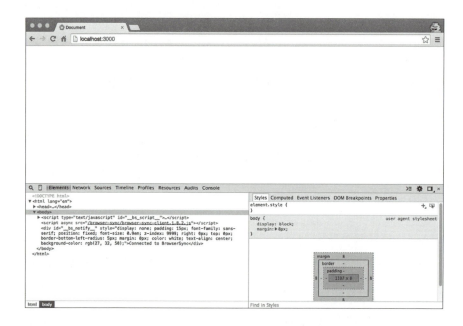

図4.15 Chromeのデベロッパーツールを起動する

Elementsパネルに表示されているソースはHTMLファイルのソースと異なっています。これはJavaScriptによるDOM操作適用後のソースになっています。「BrowserSync」を使っている場合は、ElementsパネルにbrowserSync用のソースが自動挿入されていることにお気付きかと思います。

JavaScriptの開発で主に利用するのはConsoleパネルです。スクリプト内に記述した「console.log」は、このパネル上に出力されます。ちなみにconsole APIはlog以外にも存在しますが、console.logを覚えておけばひとまず問題はないでしょう。筆者がデベロッパーツールで最もよく使うのはConsoleパネルですが、CSSのデバッグには虫

眼鏡ツールを多用します。

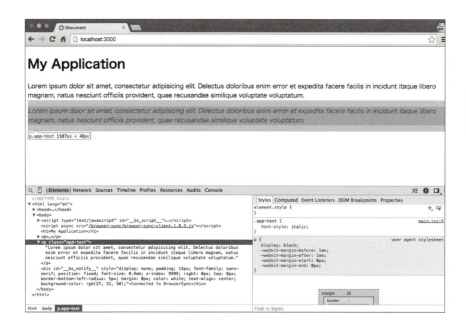

図4.16　デベロッパーツールの虫眼鏡ツール

　虫眼鏡ツールを選択後、ブラウザ上のDOMを選択すると右のStylesパネルに適用されているCSSが表示されます。さらにStylesパネルで数値の変更や、新しいプロパティの変更、マウスアクション時のCSSの確認なども行えます。

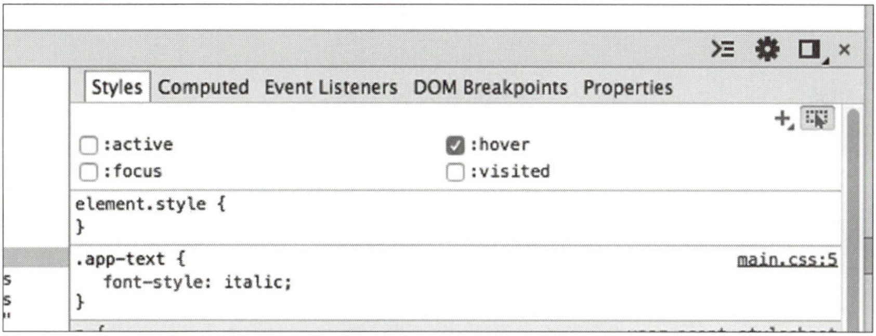

図4.17　StylesパネルではCSSの確認・変更が行える

ソースファイル上でposition位置などの数値を適当に設定しておいて、デベロッパーツール上で美しい位置になるように目視で調整して、その数値をソースファイルに記入する、という行動はマークアップの際にかなり繰り返して行います。このようなときに、虫眼鏡ツールを使うと効率的に作業を進められるでしょう。

4.5.2 ログの消し忘れに注意

console.logをInternet Explorer 8など古いブラウザで実行するとエラーになってアプリケーションが中断してしまいますし、ログを大量に出力している場合はその分パフォーマンスに影響が出てしまいます。したがって、本番環境時にはログ出力の消し忘れに注意しましょう。

ただし、開発中にログは出しておきたいものです。本番化やInternet Explorer 8で確認する際にすべてを手動でコメントアウトして、開発の際にまた戻すのは開発手法としては美しくありません。そこで筆者はconsole.logを少しカスタマイズして利用しています。以下のような関数を用意しています。

リスト4.44　console.logを使いやすいようにカスタマイズしたlog関数

```
var log = (function() {
    var LEVEL = 1;
    if (!LEVEL) return function(){};
    if (window.console && console.log) {
        return console.log.bind(console);
    }
    else {
        return function() {
            var text = Array.prototype.join.apply(arguments, [', ']);
            alert(text);
        }
    }
})();
```

console.logの代わりにlogという独自のデバッグ関数を使います。このlog関数はInternet Explorer 8などconsole APIに対応していないブラウザにはalertでログを出力します。さらに、筆者がこの関数で気に入っているのは、レベルを決められることです。

デフォルトは1なので、log出力をするように設定されているのですが、この変数を0にすると出力されなくなります。本番時のみ、ここの変数を0にするといいでしょう。

さらにカスタマイズするなら、例えばHTMLをこうします。

リスト4.45　環境変数を埋め込む

```
// 本番時のHTMLタグ
<html data-env="prod">
// 開発時のHTMLタグ
<html data-env="dev">
```

PHPなど出力側で環境変数をHTMLに埋め込んで、その変数（data-env）をフラグにしてログレベルを決定するようにすれば、JavaScriptファイルは本番時に開発時と変わらないソースコードで公開できます。

この環境変数という仕組みはログ関数以外でも、開発時と本番時の切り分けをしたい場合に非常に使えます。

4.5.3　スマートフォンでのデバッグ

●iOS

iOS Safariでのデバッグ方法です（Mac OS限定）。まずはiPhoneをUSBケーブルでMacに接続します。そしてデバッグ対象のURLをiOS Safariで開きます。同じネットワーク上なら「http://172.16.1.6:3000/」のようなbrowserSyncで起動したローカルIPでのチェックも可能です。PCからスマートフォンにURLなどを送る際は「Pushbullet」を利用するとスムーズでしょう。

「Pushbullet - Your devices working better together」
　⇒ https://www.pushbullet.com/

iPhone側でデバッグの設定ができているか確認しましょう。［設定］→［Safari］→［詳細］と進むと図4.18のような画面になります。「Webインスペクタ」をONにしましょう。

図4.18　iPhoneの「Webインスペクタ」をONにする

　Mac OS側のSafariも開発者モードをONにします。メニューバーから［Safari］→［環境設定］と選択し、［詳細］より「メニューバーに"開発"メニューを表示」にチェックを入れます。

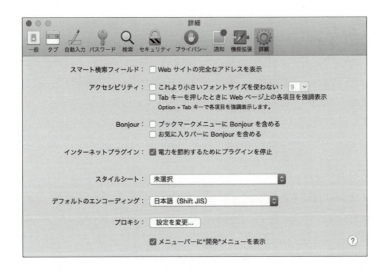

図4.19　Mac OSのSafariの開発者モードをONにする

Mac OSとiOS側の設定が済んだ状態で、Mac OS側の開発メニューから接続している端末を選択するとデバッガが起動します。

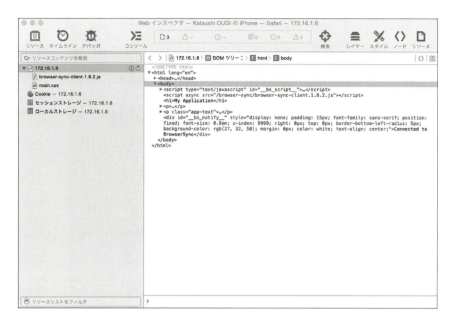

図4.20　Mac OSでデバッガを起動する

　これでiOSでのタップ動作などをデバッグすることが可能になります。iOSのシミュレーターなどもありますが、実機でのデバッグが一番効率的でしょう。

●Android

　Androidには2種類のブラウザがプリインストールされているものが多いです。「標準ブラウザ」と呼ばれる古いAndroidのデフォルトブラウザがありますが、こちらは開発が終了してしまっており、今後Androidのメインブラウザは「Chrome」になると想定されます。したがって、まずはChromeでのデバッグについて紹介します。

　まずはAndroidとPCをUSBケーブルで接続します。「開発者向けオプション」がデフォルトでは無効になっている場合もあるので、設定メニューの下の方に開発者向けオプションが表示されているか確認しましょう。確認できない場合は、［端末情報］などから表示できる［ビルド番号］と書かれた領域を7回タップすると表示されます（Android 4.2以降）。

接続したPCのChromeの設定メニューの［その他のツール］から［デバイスを検証］を選択します。

図4.21　Androidのデバイスを検証する

すると、図4.22のような画面になるのでデバッグしたい画面のinspectをクリックします。

図4.22　検証対象のデバイス

Androidで開いているページ用のデベロッパーツールが起動し、前項で紹介したSafari同様にデバッグが可能になります。

Android標準ブラウザ

　スマートフォンでの開発で一番悩みどころが多いのがAndroid標準ブラウザです。もともと簡易的な用途で開発されたブラウザなので機能もかなり限定的ですが、古くから搭載されたブラウザであり、ユーザー数も多いので未だに無視はできない存在です。その標準ブラウザでは「console.log」の表示のみが可能です。アドレスバーに「about:debug」と入力すると"SHOW JAVASCRIPT CONSOLE"と表示されるのでタップしましょう。すると以下のような状態でconsole.logが出力されます。

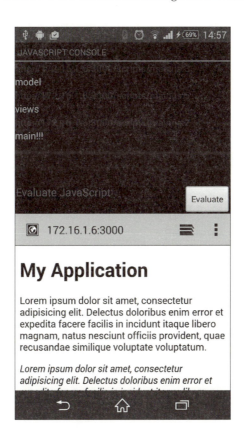

図4.23　Androidのコンソール画面

標準ブラウザはバグが多い割にはデバッグ手法が非常に貧弱なので、開発にはかなり苦労してしまいます。筆者が未知のバグに遭遇した場合は過去の経験から予想して、色々とトライアルして解決するケースが多いです。

◉シミュレーターの利用

iOSの場合はXcodeのiOSシミュレーターを利用してデバッグすることも可能です。Androidも公式のシミュレーターが存在しますが、起動に3分ほどかかってしまったりとあまり使い物になりません。Androidでは、サードパーティ製ですが、「Genymotion」という高速で動作するアプリケーションを利用するのがオススメです。

「Genymotion」
⇒ https://www.genymotion.com/

さまざまな端末が用意されているので端末依存のバグの確認などに使えます。シミュレーターは便利なのですが、結局はシミュレーターでしかないので、やはり実機でデバッグをするのが最も手っ取り早くて確実な方法であると筆者は考えます。

4.6 その他の便利なツール・設定

ここでは先に述べたもの以外のもので、フロント開発での役に立つツール類のご紹介をします。

4.6.1 エディタ

最近はどのエディタも優秀なのですが、フロントエンドエンジニアに一番人気があるのが「Sublime Text」です。デフォルトの機能はそれほど多くないのですが、無料の豊富なプラグインの存在が大きく、どんな言語の開発にも便利に使えます。便利な使い方は色々な人がブログなどで紹介しているので検索してみるといいでしょう。

「Sublime Text: The text editor you'll fall in love with」
⇒ http://www.sublimetext.com/

なお、筆者が愛用しているエディタは「PhpStorm」です。

「PHP IDE :: JetBrains PhpStorm」
⇒ https://www.jetbrains.com/phpstorm/

　PhpStormはHTML、CSS、JavaScript、PHPと対応している言語が少ないのですが、IDEなのでコードヒントが優秀なのと、クラスの定義元にジャンプしたり、IDE内でコマンドラインを起動してコマンドを実行したりできるのが気に入っています。
　エディタは、自分に合ったものが一番なので、好きなものを使うといいでしょう。

4.6.2 コマンドラインショートカットの設定

　ツールではないのですが、コマンドラインのショートカットを設定しておくと非常に便利です。Mac OSの場合だと「~/.bashrc」に表4.2の記述をします。

表4.2　コマンドラインショートカットの設定（Mac OSの場合）

内容	コマンド
コマンドラインからSublimeTextを開く	alias st='open -a "Sublime Text"'
Pythonのシンプルサーバーを起動する	alias server="python -m SimpleHTTPServer"
自分のプロジェクトディレクトリに移動する	alias p="cd ~/projects"
Gitコマンドの実行	alias g="git"
BrowserSyncの起動[*5]	alias bs='browser-sync start --server ./ --files "**/*"'

　表4.2に挙げたもの以外にも、自分がよく使うコマンドのショートカットを登録しておくと作業効率が格段に上がるでしょう。

[*5] BrowserSyncを起動する場合はPCのグローバル環境にBrowserSyncがインストールされていることが必須。

第 5 章

サーバーサイドプログラムの実装例（PHP 編）

5.1 PHPとサーバーサイド環境

前章までは、Webアプリ／Webサービスの周辺環境について見てきました。本章からはプログラムの実装例を見ていきます。まずは、多くのWebサービスやWebアプリで使われている「PHP」というプログラミング言語を通して、サーバーサイドプログラムの実装例を紹介していきます。

5.1.1 PHPとは

PHPとは、正式名称を「PHP: Hypertext Preprocessor」といい、Webサーバーのリクエストを処理するプログラムとしてよく用いられている、スクリプト言語の1つです。文法が単純であり、HTML本体にプログラムを埋め込むという基本的な仕様になっていることや、よく翻訳されたドキュメントがそろっていることなどから、現在では日本で最も良く定着した言語の1つになっています。

その他、Webサーバーに用いられるプログラミング言語には、主に以下のようなものが使われています。

- **Perl**
- **Ruby**
- **Python**
- **Java**
- **ASP.NET**
- **JavaScript**
    - Node.js
    - io.js

これらの言語についてすべてを紹介することは紙幅の都合によりできませんが、どの言語にも一長一短があります。また、どれを選んでもWeb開発の原則は共通なので、まずはPHPを通して開発のパターンを見ていきましょう。

理解が進んだら、他の言語ではどのように実装するのか、各種解説書などで学ぶといいと思います。

5.1.2　Webアプリの仕組み

WebページやWebアプリの動作の流れを、図5.1に示します。

通常のWebページでは、クライアント（ユーザー）のブラウザからWebサーバーにアクセスがあったとき、指定されたURLに対応するディレクトリに格納されているHTMLファイルや画像ファイルをWebサーバーがクライアントのブラウザに対して配信します。このとき、当然ながらHTMLや画像はファイルを更新しない限り、内容が常に一定となり、同じ結果がクライアントのブラウザに表示されます（これを「静的」といいます）。

しかし、特定のアクセスの際にサーバー側でプログラムを実行することにより、アクセス時の状況に応じて配信するデータを変更することが可能になります（これを「動的」といいます）。

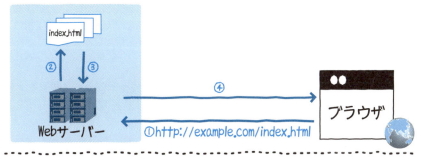

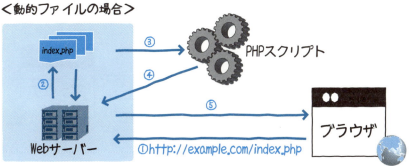

図5.1　Webページ／Webアプリの仕組み

Webサーバーの多くはこのような仕組みを持っています。その仕組みのうちの1つがPHPスクリプトの実行です。Webサーバーへのリクエスト時にPHPファイルをさすURLを指定すると、そのPHPスクリプトが実行されるようになります。
　よく使われているWebサーバーにおける具体例で見てみましょう。
　Apache HTTP Serverではモジュールとして PHP スクリプトを起動することができます。これによって、Webサーバーの起動時に読み込まれ、サーバーの処理の一部として実行されます（図5.2）。

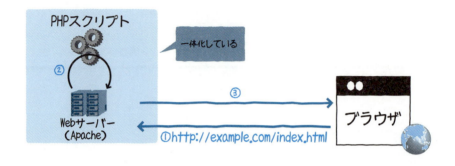

図5.2　PHPスクリプトをモジュールとして実行する

　NginxではFastCGI(コラム「CGI」参照)を通して、PHPを実行することができます。FastCGIの仕組みはPHP-FPMなどの外部システムに委譲します（図5.3）。

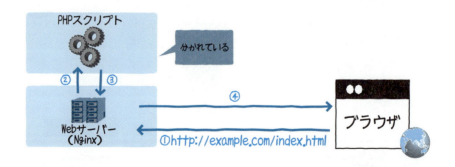

図5.3　PHPスクリプトをCGIとして実行

COLUMN
CGI

「CGI」とはCommon Gateway Interfaceの略で、Webサーバーがプログラムを起動するための仕組みを標準化したものです。通常、Webサーバーはアクセス（リクエスト）に応じてレスポンスを返しますが、CGIはアクセスをプログラムに中継し、Webサーバーの代わりにプログラムが応答を返すようにします。CGIはアクセスのたびにプログラムに情報を渡し、起動させます。

Webアプリの黎明期では、掲示板、ブログなど多くのWebアプリでCGIの仕組みがよく使われていました。しかし、たくさんのアクセスをさばくWebサーバーでは、プログラムの起動自体にわずかであるとはいえ負荷があり、それがオーバーヘッドとなるようなCGIの仕組みは悩ましい問題でもありました。

そこで近年では「FastCGI」などに代表される、インタプリタなどの基本プログラムを常時起動する、オーバーヘッドを軽減するような別の仕組みが用いられるようになってきました。CGIではリクエストごとにプロセスの生成・破棄が行われますが、FastCGIはこれを行わないように改良したインターフェース仕様です。

Webサーバーにより PHP プログラムが処理されるとき、典型的にはリクエストがあるたびに PHP スクリプトが始めの行から終わりの行まで実行されます。つまり、スクリプトを書き直した瞬間、次のリクエストからは変更が反映されることになります。このため稼働中のWebサーバーのプログラムを更新する際は、変更中にアクセスされることがないように、シンボリックリンクを張り替えて一瞬で実行ファイルを入れ替えるなど、デプロイ[*1]方法に工夫が必要になることがあります。

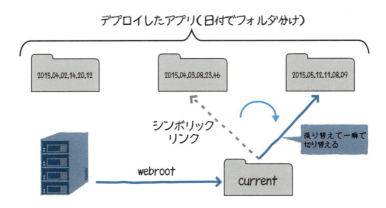

図5.4　変更したPHPプログラムのデプロイ

【*1】デプロイとは、開発・または修正したプログラムをサーバーに反映し、利用可能にすることをいう。Webアプリではデプロイによって、プログラムファイルの配置の他、関連したシステムデータファイル、サーバーソフトウェアのインストール、データベースの更新などをまとめて反映する。

COLUMN

ビルトインWebサーバー

　開発用として、PHPはそれ自体でWebサーバーを立ち上げることもできます（PHP5.4.0以降）。これを「ビルトインWebサーバー」と呼びます。一般に公開することは推奨されていませんが、PHP以外にWebサーバーを用意する必要がないので開発時には便利に使えます。

5.1.3　PHPスクリプトの実行

　PHPスクリプトは、HTMLファイルの中でPHPタグ（<?php と ?>）を埋め込んでおくことで実行されます。この開始タグと終了タグの中に実際のPHPプログラムによる処理を記述します。なお、このタグ以外の部分はHTML表現として、そのままブラウザに出力されます。

　リスト5.1は原始的なPHPスクリプトの一例です。

リスト5.1　現在の時刻表示をするPHPスクリプト

```
<html>
    <body>
        <?php echo date('H:i:s'); ?>
    </body>
</html>
```

　ブラウザでこれを表示すると、現在の時刻が秒単位で表示されるのがわかることでしょう。

　PHPはデフォルトでHTMLを出力するようになっていますが、作成するアプリの要件に応じて、画像や表計算ファイルなどを出力することも可能です。

5.1.4　ライブラリ

　実際の開発では、非常に数多くのモジュールを活用します。言語によって標準で用意されているライブラリはさまざまですが、PHPにも標準ライブラリが数多く含まれています。これらの標準ライブラリのうちほとんどはデフォルトで有効になっており、

意識せずとも使えるようになっています。

主なものを紹介します。

◉SPL

「SPL（Standard PHP Library）」は、PHP標準のクラスライブラリで、PHP5.0から利用可能になりました。PHP4までは関数の集まりだった機能をオブジェクト指向としてクラスにまとめているものや、標準例外の定義やエラーハンドリング、配列の振る舞いを定義するインターフェースなどを備えています。

オブジェクト指向で開発する場合、SPLは非常に有用なライブラリとして活躍します。

リスト5.2　SPLの使用例

```php
<?php
// SPLのファイル操作のクラスSplFileObjectを使って、CSVの内容を表示する
$buffer = SplFileObject('example.csv');
list($id, $company, $sales) = $buffer->fgetcsv();
echo "{$company}[ID:{$id}]の売り上げは{$sales}円"
?>
```

◉拡張機能

PHPには「拡張機能（extension）」を付与していくことができます。標準の拡張機能だけでも数十種類あり、この中にデータベースやFTP、メールなどが含まれています。

リスト5.3　標準の拡張機能例：DOMの利用

```php
<?php
// DOM拡張を有効にすると利用可能
$doc = new DOMDocument();
$doc->loadHTML('<html><body><p>test</p></body></html>');
?>
```

また、標準の拡張機能の他に、サードパーティ製の拡張が公開されていることもあります。拡張機能のパッケージを新たに導入するには「PECL」[*2]を使います。

【*2】PHP Extension Community Library。PHPの拡張パッケージを管理するコマンドラインツールが提供される。

リスト5.4　拡張パッケージをPECLで導入する

```
pecl install xdebug # PECLでdebugパッケージをインストールする
```

標準ライブラリやSPL、拡張機能はC++でコンパイルされたバイナリを元に実行されます。この他に、PHPで書かれたユーザーライブラリを使うことがあります。ユーザーライブラリはrequireやimport文を使ってPHPプログラム中で読み込んで使うことになります。

リスト5.5　ユーザーライブラリの利用例

```
<?php

// ユーザーライブラリSuperUsefulClassをインポートする
require '/path/to/SuperUsefulClass.php';

// インポートしたクラスが使える
$superman = new SuperUsefulClass();
$superman->victory();

?>
```

ライブラリは自分で作成することも可能ですが、ネット上に公開されているライブラリは豊富にあります。これらを利用することで、効率的に開発を進めていくことが可能となります。

◉PEARとcomposer

ユーザーライブラリをインストールするには、requireやimport文を使って手動で設置する方法もありますが、筆者はパッケージ管理システムを使うことをお勧めします。パッケージ管理システムは、インストール・配置や、依存関係の解決などを自動で行うため、簡易なコマンドを入力するだけで使用するパッケージを選択することができるようになります。

PHPでは、古くからパッケージ管理システムとして存在していた「PEAR」というものがあります。PEARに対応するパッケージはPEARのルールに従ったものとなっており、数多くのPEARパッケージが生まれてきました。PEARパッケージをインストールすると、システム上のすべてのPHPから利用できます。

また、近年では「composer」というパッケージ管理システムも登場しています。composerはシステム全体にではなく、特定のプロジェクトにのみパッケージをインストールします。

リスト5.6　パッケージ管理システムの利用例

```
pear install Archive_Tar # PEARでArchive_Tarパッケージをインストールする
composer install cakephp # composerでCakePHPをインストールする
```

最近では、どのようなプログラム言語もPEARやcomposerのようなパッケージ管理システムを用いて、使用するライブラリを手動ではなく自動で管理するのが一般的になっています。

5.2　サーバーサイドの処理

では、具体的なプログラムを例に、各構成技術がどのような働きをすることでサーバーサイドの処理を実現しているのか、見ていきましょう。

5.2.1　セッション

通常、HTMLページへのアクセスは、それぞれが独立していて関連を持ちません。しかし、多くのWebアプリでは、ログインしているユーザーを認識するなど、同一対象のアクセスを関連付けてロジックを構成します。

Webではアクセスするユーザーの一連の操作のまとまりを「セッション」と呼びます。セッションは通常、「クッキー（Cookie）」という仕組みを使って実現されます。クッキーは、Webアプリがブラウザに覚えてもらいたいことを通知し、それをブラウザが覚えておくという決まりを持っており、これを使ってブラウザに紐付けをしてセッションを構成します。

このセッションをサーバープログラムが管理することで、Webサーバーとブラウザ間において同一対象のアクセスを関連付けることが可能となります。PHPでは標準でこの機能がサポートされており、セッション間でデータの引き継ぎができるようになっています。

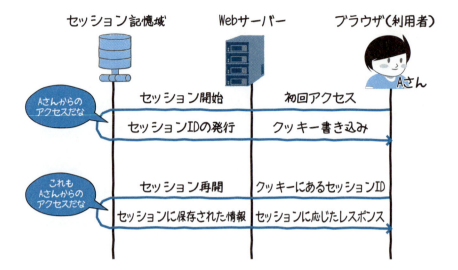

図5.5 クッキーによるセッション管理

実際のコードを例に、処理の詳細を見てみましょう。リスト5.7のPHPスクリプトは、セッションIDの表示と、ページが読み込まれるたびにアクセス回数をカウントアップします。

リスト5.7 セッションIDを表示してアクセス回数をカウントアップする

```
<?php
session_start();————①

if (!isset($_SESSION['count'])) {————②
    $_SESSION['count'] = 0;
}
$_SESSION['count']++;
?>
<html>
<body>
    <p>
        あなたのIDは: <?=session_id(); ?><br>————③
        <?=$_SESSION['count']; ?>回目のアクセスです————④
```

```
        </p>
    </body>
</html>
```

ポイントとなるのは、リスト中に番号を振ってある部分です。以下、それぞれについて説明します。

①セッションの開始

セッションを開始、または再開しています。session_start()の呼び出しにより現在のセッションに関連するデータの読み書きができるようになります。フレームワークや言語によっては、明示的に呼び出す必要がないこともあります。

②セッションデータの書き込み

セッションを開始することで、PHPによりデータ読み書きができる格納先が$_SESSIONです。通常の配列と同様の操作で、セッションのデータが読み書きできます。

③セッションID

セッションIDは、セッションを識別する一意な文字列で、session_id()で取得または設定ができます。設定によりますが、ブラウザを閉じたときまたは有効期限が切れたときにセッションIDは再生成されます。

④セッションデータの読み込み

実際に格納されたデータを呼び出しています。アクセス回数がカウントアップされることにより、セッションが保たれていることが確認できます。

このようにすることで、セッションを使い、特定の対象に対するロジックを組み込むことができます。

また複数ページがあっても、セッションを通してデータを受け渡しすることで、ショッピングカートやログインなどの機能を提供することができます。

5.2.2 データベースとの連携

◉アプリケーションとデータベース

　Webアプリに限らず、アプリケーションは特定の情報を永続的に保持する必要に迫られます。例えばそれはログイン情報であったり、ユーザーの行動した記録、投稿したコンテンツのデータであったりします。このような情報を保存するための方法はいくつかありますが、保存や検索、更新・削除を効率よく実施できるものとして利用するものを一般に「データベース」といいます。

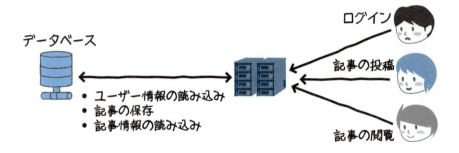

図5.6　情報を永続的に保持するためのデータベース

　データベースには色々な形態がありますが、Webアプリでは「RDB」[*3]という仕組みが、多くのアプリケーションで使われています。この章でも「MySQL」というRDBMS[*4]を使います。MySQLはWebアプリで使われるRDBMSの中でも高いシェアを誇るものの1つで、SQLという言語を用いて操作をします。

◉SQL

　SQLとは、RDBMSでデータを操作するための言語[*5]です。RDBの論理構造に合わせたデータの読み書き・削除を細かく柔軟に行うことができます。

　PHPからRDBのデータベースを参照するには、このSQLの文を発行し、データベースに問い合わせを行う必要があります。

[*3] Relational DataBase＝リレーショナルデータベース。リレーショナルモデルという、複数のデータ群の関連を表現するモデルを元にしたデータベースのこと。
[*4] RDB Management System＝RDB管理システム。多くのRDBは、RDBを管理するRDBMSとセットで提供され、アプリケーションから利用される。

●PDO

　PHPでMySQLを利用する方法はいくつかありますが、PHPはデータベースへのアクセスインターフェースである、「PDO(PHP Data Objects)」というものを提供しています。PDOを使ったSQL文の発行と、結果の取得の例を見てみましょう。

リスト5.8　PDOによるSQL文の発行と結果の取得の例

```
<?php
try {
    $pdo = new PDO('mysql:host=ホスト名;dbname=DB名;charset=utf8', ⇒
'ユーザー名', 'パスワード');―――①
    $statement = $pdo->query('SELECT * FROM table1');―――②
    while ($row = $statement->fetch(PDO::FETCH_ASSOC)) {―――③
        echo $row['sales'];
        }
} catch (PDOException $e) {
    trigger_error('データベースエラー: ' . $e->getMessage());―――④
}
?>
```

　リスト中に番号を振った個所について、それぞれ解説します。

①データベースへの接続

　　PDOオブジェクトはデータベースへの接続を内部で保持し、これを使ってデータベースとのデータのやり取りをします。

②SQL文の発行

　　アプリケーションからMySQLへの命令を作成します。この命令を通してデータの取得、更新を行います。ここでは「SELECT * FROM table1」（table1から全データを取得する）というのが、MySQLに与える命令の内容となります。

③命令の実行

　　命令を実行し、読み出し結果を1行ずつ取得します。

【*5】実際はデータ構造定義にも使われる。

④エラーハンドリング

接続設定、SQL文の文法エラー、データベースの障害など、MySQLとの通信や操作が失敗に終わることがあります。この場合、Webアプリケーションがエラーの内容に基づいて、ユーザーに通知する、ログを送信するなど、エラーを処理する必要があります。

●その他のデータベース

データベースはRDB以外にも、扱うデータ構造に合わせてさまざまなものが存在します。

- ドキュメント指向データベース
- オブジェクト指向データベース
- 階層型データベース

パフォーマンスや扱うデータの特性によって、RDBの代わりにこれらのデータベースが使われることがあります。それに応じてアプリケーションは、それぞれのデータベースに合わせたDBMSを利用することになります。

●トランザクション処理

トランザクション処理とは、分割することのできない一連の処理を1つにまとめ、整合性を保つようにする処理のことです。データベースの処理はその構造上、いくつかの処理に分割される必然性を伴うことが多く、結果としてトランザクション処理が必要な場面が出てきます。

SQLにおけるトランザクション処理は、3つのコマンドを発行することで基本的な処理が行われます。例を挙げましょう。ロールプレイングゲームのWebアプリを作るとします。キャラクターが成長してレベルアップする場合の情報処理を簡単にまとめると以下のようになります。

①キャラクターの総獲得経験値を増やす。
②総獲得経験値がレベルアップの基準に達していたらレベル、体力、攻撃力などのステータスを増やす。
③レベルに応じて新しい特技などを覚える。

プログラムのバグやWebサーバーの負荷などによって、これらの1つ1つの処理の

うちいずれかが失敗する場合があります。この場合、例えばキャラクターの経験値が増えたのにレベルが上がっていないなど、整合性が取れなくなる恐れが出てきます。

そこで、いずれかの処理が失敗した場合は、それまでデータベースに行ってきた変更を元に戻して、トランザクション内の操作をなかったことにして、整合性を取るという操作が必要となります。この操作を「ロールバック（rollback）」といいます。

逆にすべての操作が成功した場合は、トランザクションが正常終了したことをデータベースに通知し、変更の反映を確定する必要があり、これを「コミット（commit）」といいます。

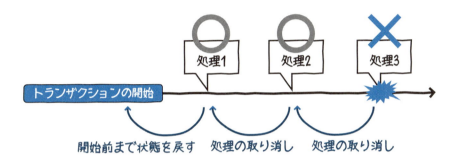

図5.7　トランザクション処理によってデータベースの整合性を制御する

なお、RDBでは、SQLをサポートするものは基本的なトランザクション処理が典型的にサポートされていますが、その他のデータベースではトランザクションをサポートしていない場合もあります。その場合はデータベースの整合性を、プログラム側で制御する必要があります。

リスト5.9　データベースの整合性を取るためのプログラム

```php
<?php
// $pdo = new PDO(...);

// トランザクションの開始
$pdo->startTransaction();

if (経験値獲得() && レベルアップ() && 特技習得()) {
    // 正常終了。コミットする
```

続く→

```
    $pdo->commit();
} else {
    // 失敗したのでロールバック
    $pdo->rollback();
}
?>
```

また、トランザクション処理は終了しない限りは変更が確定しません。そのため、典型的には、コミットされるまではトランザクション中のリクエスト以外に途中までの変更が見えないようにRDBMSが調整してくれます。

5.3 フレームワークの導入

各言語の基本的な情報処理環境の提供に加えて、実際のWeb開発ではWebアプリケーションフレームワークを利用することがあります。この章では略して「フレームワーク」と呼びます。フレームワークは、Web開発にあたって汎用性が高い高級なライブラリ群を備え、それらを組み合わせてWebアプリの開発が楽になるように助ける骨組みを提供するものです。言語の他にフレームワークの使い方も学習することが必要になりますが、フレームワークを導入することによって、飛躍的な開発速度の向上が期待できます。また、プラグインなどを利用することによってより容易に機能を実装することができるようにもなります。

フレームワークは大小さまざまありますが、その中でも日本でよく用いられるフレームワークの1つに「CakePHP」があります。本章はこれからCakePHPの場合を例に解説を続けます。

ちなみに、CakePHPで作るアプリケーションは以下のようなディレクトリ構造を持っています（サブディレクトリ、ファイルは省略）。体系化されたディレクトリの中に適切にスクリプトファイルを設置することで、効率良く開発することができるようになっています。

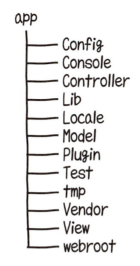

図5.8 CakePHPで作成されるアプリケーションのディレクトリ構造

5.3.1 MVC

アプリケーションの設計手法として「MVC」というアーキテクチャがあります。これはモデル（Model）・ビュー（View）・コントローラ（Controller）という3層に処理を分割して開発していくというものです。Webアプリでも、このMVCを採用して開発していくパターンが主流となっています。

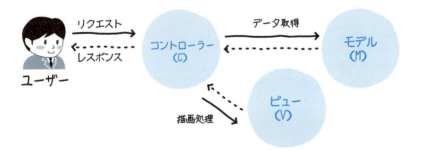

図5.9 MVCアーキテクチャ

以下にCakePHPでのMVCの実装例を挙げます。

● コントローラ

コントローラはリクエストを受け取ってレスポンスをブラウザに返すまでの制御を担当します。モデルからデータを受け取り、変数としてビューに渡します。また、ビューで表示したフォームから送信されたデータをモデルに渡し、モデルに保存・削除・更新などの処理を実行してもらいます。

また、モデルの処理の成功／失敗結果をビューに渡し、適切な描画を行ってもらいます。

コントローラの例として挙げたリスト5.10は、ブログの記事に関する操作を制御する処理です。

リスト5.10　記事の操作を行う処理（コントローラ）

```php
<?php
App::uses('AppController', 'Controller');
// 記事コントローラ
class ArticlesController extends AppController {

    // 一覧を取得・表示する
        public function index() {
            // 記事モデルからすべての投稿を取得する
            $articles = $this->Article->find('all');
            // ビューに変数を渡す
            $this->set('articles', $articles);
            // 「index」のテンプレートを描画する。省略可
            $this->render('index');
        }

        // indexアクション
        public function add() {
            // 投稿ボタンを押したときの動作
            if ($this->request->is('post')) {
                // モデルにデータの保存をさせる
                if ($this->Article->save($this->request->data)) {
                    // 投稿成功
```

```
                $this->Session->setFlash('記事を投稿しました', 'success');
                // 一覧表示に戻る
                $this->redirect(['action' => 'index']);
            } else {
                // 投稿失敗
                $this->Session->setFlash('記事を投稿できませんでした');
            }
        }
    }
}
?>
```

◉ モデル

　モデルはコントローラから操作を受け、データベースやファイルなどからデータを渡し、システムデータを変更して保存します。モデルでアプリケーションの整合性を保つことにより、コントローラ、またはその他オブジェクトが自由にアプリケーションを操作できるようになります。

　モデルはアプリケーションのシステムの核となる、データの読み書きとビジネスロジックを担当します。データ取得処理のfind()、保存処理のsave()などのメソッドはCakePHPのコアが提供しており、ベースとなるクラスを継承することで利用可能になります。

　なお、CakePHPはバリデーション（データの検証）の記述もモデルでするようになっています。モデルの例として挙げたリスト5.11は、ブログ記事の入力内容のバリデーションを行っています。

リスト5.11　記事の入力内容のバリデーション処理（モデル）

```
<?php
App::uses('AppModel', 'Model');
// 記事モデル
class Article extends AppModel {

    // バリデーションの記述
    public $validate = [
```

続く→

```php
            // 記事タイトルのバリデーション定義
            'title' => [
                'required' => [
                    'rule' => ['notEmpty'],
                    'required' => true,
                    'allowEmpty' => false,
                    'message' => '必須項目です',
                ],
                'maxLength' => [
                    'rule' => ['maxLength', 50],
                    'message' => '%d文字以内で入力してください',
                ],
            ],
            // 記事本文のバリデーション定義
            'body' => [
                'required' => [
                    'rule' => ['notEmpty'],
                    'required' => true,
                    'allowEmpty' => false,
                    'message' => '必須項目です',
                ],
                'maxLength' => [
                    'rule' => ['maxLength', 1000],
                    'message' => '%d文字以内で入力してください',
                ],
            ],
        ];
    }
?>
```

●ビュー

　ビューはコントローラから受け取ったデータを元にHTMLを描画する役割を持ちます。しかし、WebアプリはHTMLをレスポンスとして返す他に、XML、JSONなどのフォーマットを返すこともあります。この場合も、ビューがそのフォーマットに合った形でレスポンスを描画します。

　CakePHPに用意されているビューは、デフォルトではHTMLテンプレートを描画しますが、目的に合わせて、メディアなどのファイルやJSONなどのメタデータファイルを描画するクラスも用意されています。

　また、CakePHPのビューでは、各種表示用の便利機能を備えた「ヘルパー」というオブジェクトを利用できます。リスト5.12はHTML描画用のテンプレートファイル例ですが、TextヘルパーとTimeヘルパーを使っていることに注意してください。

リスト5.12　TextヘルパーとTimeヘルパーを使った記事の表示処理（ビュー）

```
<h2>記事一覧</h2>

<?=$this->Html->link('記事の投稿', ['action' => 'add']); ?>

<table>
    <tr>
        <th>記事タイトル</th>
        <th>本文（先頭の一部）</th>
        <th>投稿日時</th>
        <th> </th>
    </tr>

    <?php foreach ($articles as $article): ?>
    <tr>
        <?php // 記事タイトルを表示 ?>
        <td><?=h($article['Article']['title']); ?></td>
        <?php // 先頭50文字まで本文を表示 ?>
        <td><?=$this->Text->truncate($article['Article']['body'], 50);
?></td>
        <?php // 読みやすいフォーマットで投稿日時を表示 ?>
```

続く→

```
            <td><?=$this->Time->format('Y/m/d H:i', $article['Article']
['created']); ?></td>
        </tr>
        <?php endforeach; ?>
</table>
```

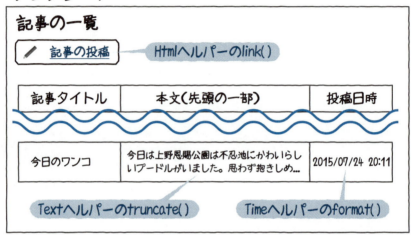

図5.10　テンプレートとヘルパー

　さらに記事投稿ページのテンプレートをリスト5.13に示します。Formヘルパーを使って投稿フォームを描画します。

リスト5.13　Formヘルパーを使った記事投稿フォームの表示処理

```
<h2>記事の投稿</h2>

<?php // <form method="POST" action="/articles/add"> といったHTMLを描画 ?>
<?=$this->Form->create(); ?>
    <?php // <label>記事タイトル<input type="text" /><label> のようなHTMLを ⇒
描画 ?>
    <?=$this->Form->input('title', ['label' => '記事タイトル']); ?>
```

```
    <?php // <label>記事本文<textarea></textarea><label> のようなHTMLを⇒
描画 ?>
    <?=$this->Form->input('body', ['label' => '記事本文']); ?>
<?php // <input type="submit" value="投稿する"></form> といったHTMLを描画 ?>
<?=$this->Form->end('投稿する'); ?>
```

フォームの各入力部分のバリデーションが失敗した場合、入力部分にエラー表示のHTMLが描画されます。

CSSで表示の詳細を整えることで、デザインを適用することも可能となります。

この他に、ビューは上のファイルのように個別ページを部分的に描画したものを、固定部分を記述したレイアウトテンプレートに配置することにより、全体のHTMLを描画します。

5.3.2 ルーティング

Webアプリケーションは、やってきたすべてのリクエストについて、対応する処理やエラーに割り振る必要があります。このリクエストを割り振る作業を「ルーティング」と呼び、HTTPリクエストのURL、リクエストメソッドなどにより、処理を振り分けます。

フレームワークでは大抵、ルーティング処理が組み込まれています。

リスト5.14 ルーティングの例

```
<?php
    // http://example.com/login を、
    // UsersControllerのloginメソッド(アクション)に振り分ける
    Router::connect('/login', [
        'controller' => 'users',
        'action' => 'login',
    ]);
?>
```

例えばCakePHPでは上記のようにルートを定義することができます。

ルーティングをすることにより、アプリケーションの実装によらずURLを決めることができるようになります。

また、CakePHPでは逆にコントローラやアクションからURLを生成することもでき、これを「リバースルーティング」といいます。これによってURLの定義が変わっても、該当のビュー記述部分を変更する必要がなくなるなど、嬉しい副作用もあります。

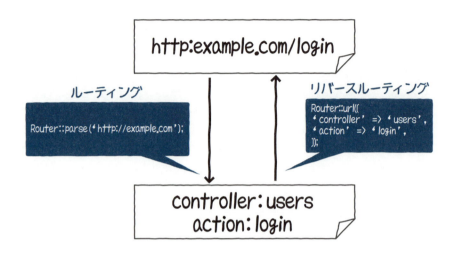

図5.11　ルーティングとリバースルーティング

5.3.3　テンプレートエンジン

　Webサーバーは動的なHTMLページを返す役目を持ちます。動的な部分だけをHTMLソースの中に埋め込むような形でプログラムができるようにする、すなわちテンプレート化し、動作させるためのエンジンが「テンプレートエンジン」です。

　ロジック部分（モデル）から取得したデータをコントローラがビューに渡し、ビューがテンプレートエンジンにデータを渡して描画してもらいます。このように、デザイン（テンプレート）とプログラム部分が分離したおかげで、作業を分担して行うことができ、メンテナンス性が向上します。

　通常はライブラリを使うことによってテンプレートエンジンを動かしますが、PHPではスクリプトを <?php と ?> タグでくくることによってHTML内に動的部分を埋め込んで記述できるなど、最初からテンプレートエンジンの機能が備わっています。

◉テンプレートの例

　CakePHPにおける標準のテンプレートエンジンはPHPそのものです。コントローラから渡されたデータが変数として利用できる他、テンプレートを作成する補助として「ヘルパー」が利用できます。

リスト5.15　CakePHPによるロジックの例

```
<?php
class PostsController extends AppController {

    public function index() {
        $this->set('posts', $this->Paginator->paginate());
    }
}
?>
```

リスト5.16　CakePHPによるテンプレートの例

```
<ul>
    <?php foreach ($posts as $post): ?>
        <li><?=h($post['Post']['title']); ?></li>
    <?php endforeach; ?>
</ul>
```

5.4 Ajax

5.4.1 Ajaxとは

「Ajax（Asynchronous JavaScript + XML）」とは、ブラウザ内で非同期通信を行う技術の総称で、典型的にはJavaScriptが用いられます。

従来のWebアプリは同期通信となっており、通信の処理が終わらなければ次の操作ができない仕様になっていました。これによって、アプリの使い勝手は非常に限定されたものとなっていました。しかし、Ajaxを用いると非同期通信、つまり通信の処理を裏側で待っている状態でもユーザーが操作できるため、制限の少ないユーザーインターフェースが実現できます。

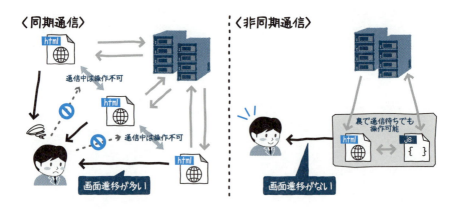

図5.12　同期通信と非同期通信

携帯電話からのWebアクセス普及の黎明期において、携帯電話に付属しているブラウザではJavaScriptが使えないことが多く、アプリは同期通信のものが主流でした。このときでも地図を表示するサービスはありましたが、同期通信しかできないため、移動するたびに画面遷移が発生していました。これは回線の遅さも相まって数秒かかるため、非常にフラストレーションが溜まるものでした。

今ではスマートフォンなどのブラウザで自在に地図を操作することができますが、この裏側ではAjax処理が用いられています。非同期通信が可能なので画面遷移がなく地図の移動ができるため、使い勝手が良くなっています。

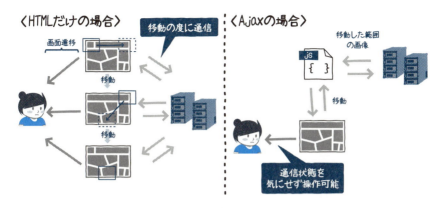

図5.13　地図アプリの実装の違い

5.4.2　Ajaxを用いた実装例

　WebアプリにおけるAjax通信の典型的な使い方は、HTMLページの一部を返すことです。例えば、Webアプリのコンテンツ投稿にコメントが付けられるとしましょう。投稿の詳細ページにコメントを掲載するとき、付与済みコメントのすべてを表示してしまうと、コメント数が多くなればなるほど、サーバーやデータベース、ネットワークに負荷がかかってきます。そこで通常は、付与済みコメントをいくつかのまとまりに分けて、表示にページ付けをします。

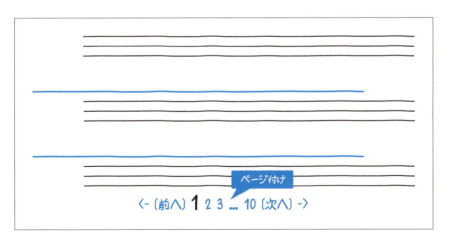

図5.14　コメント表示のページ付け

続く→

図5.14のような表示をブログなどで見かけたこともあると思います。ここでリンクをたどっていくと、画面遷移が発生してしまい、投稿詳細ページを何度も取得・表示し直すことになってしまいます。

そこでAjaxを使います。ページ付けはしますが、「次へ」のリンクをクリックしたら次のページのコメントをAjaxで取得し、一覧を表示しているDOMに追加していきます。これによって、投稿詳細のページを読み直すことなく、新たなコメントを同じ画面に表示できるというわけです。

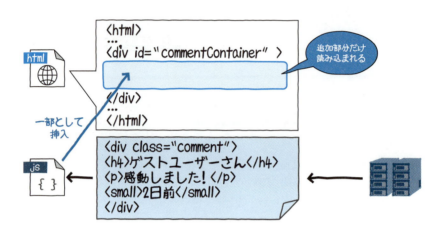

図5.15　ページの一部を更新する（Ajaxの例）

以上のようなものをCakePHPで実装するとリスト5.17、5.18のようになります（一部抜粋）。

リスト5.17　投稿詳細画面（Ajax実装例）

```
// View/posts/view.ctp


<?php // コメントを表示するコンテナ ?>
<div id="commentContainer"></div>


<?php // jQueryを使用 ?>
<script src="https://ajax.googleapis.com/ajax/libs/jquery/2.1.3/jquery.min.js"></script>

<script type="text/javascript">
```

```javascript
$(function () {
    // コメントをAjaxで取得してコメントコンテナに追記する
    var addCommentsAsync = function (url) {
        // jQueryでAjax処理をする
        return $.ajax({
            method: 'GET',
            url: url
        }).then(function (html) {
            // 取得したHTMLを追加
            $('#commentContainer').append(html);
        });
    };

    // 1ページ目をAjaxで取得する
    addCommentsAsync('<?=$this->Html->url(['controller' => 'comments', 'action' => 'index', $id]); ?>');

    // 続きを見るボタンを押したとき、次のページをAjaxで取得する
    $(document).on('click', '.next a', function () {
        var $this = $(this);
        addCommentsAsync($this.attr('href')).then(function () {
            $this.remove();
        });
        return false;
    });
});
</script>
```

リスト5.18　コメント画面（Ajax実装例）

```php
// View/comments/index.ctp

<?php foreach ($comments as $comment): ?>
    <div class="comment">
        <h4><?=h($comment['User']['name']); ?> さん</h4>
```

続く→

```
        <p><?=h($comment['Comment']['content']); ?></p>
        <small><?=$this->Time->nice($comment['Comment']['created']); ?>
</small>
    </div>
<?php endforeach; ?>
<?php // ページネーション処理 ?>
<?php if ($this->Paginator->hasNext()): ?>
    <?=$this->Paginator->next('続きを表示', ['class' => 'next']); ?>
<?php endif; ?>
```

ここではHTMLをAjaxで呼んでいく例を紹介しましたが、データのみ転送してHTMLの組み立てはJavaScriptに任せるというやり方も一般的です。その場合、JavaScript以外のクライアント、例えばスマートフォンアプリなどが利用できるように、「REST API」[*6]として整備することで汎用的に使うこともできます。

> **COLUMN**
> ### ページの続きを自動表示する
>
> これをスクロールするたびに自動で続きを読み込む方法もあり、「無限スクロール」や「AutoPaging」となど呼ばれます。これはjQueryの場合はjQuery.infiniteScrollというライブラリを利用すると簡単に実現することもできます。

5.5 テスト

プログラムはコード書いて動けば完成、というわけにはいきません。期待通りの動き方をするかどうか、テストを行う必要があります。

ひとくちにテストといっても、目的や手法によって種類があります。ここではWeb開発で用いられる代表的なものを紹介します。

5.5.1 ユニットテスト

「ユニットテスト」は「単体テスト」とも呼ばれ、プログラムを構成する小さな単位（ユニット）が、個々の機能を正しく満たしているかどうかを検証するテストです。

[*6] RESTful APIともいう。外部からWebシステムを利用するためのAPIであり、分散システムにおいて複数のソフトウェアを連携するための設計原則「REST」に従って策定された。RESTには、URL/URIでリソースを一意に認識する、リソースの操作はHTTPメソッドで指定する、などの原則がある。

アプリケーションは多くのモジュールから構成されますが、開発者が個々のモジュールを開発する際に、直前または直後にユニットテストを作成し、開発しているモジュールが意図通り動いているかをテストする目的があります。

開発を進めていく上で、ユニットテストを作成することには重要なメリットがいくつかあります。

- コードの内容をよく理解している時点でテストが書かれるため、妥当性の高いテストが実施できる。
- 後にバグ修正、追加仕様などの改修のときに再利用できる。
- 書き間違い（typo）やライブラリのバージョンアップなどで出現するバグをテストを実行するだけで発見できる。

　　…など

他にも挙げれば多くのメリットがあることでしょう。

CakePHPではテストフレームワークのデファクトスタンダードとなっている「PHPUnit」を採用しており、ユニットテストでこれを利用できます。特にモデル層のテストは書きやすく、十分にテストケースを書けば堅牢なビジネスロジックAPIが用意できることになります。

リスト5.19はCakePHPによるモデルのテストユニットの例です。

リスト5.19　モデルのテストユニット例（CakePHP）

```
<?php
// CakePHP でのモデルユニットテストの例
App::uses('Comment', 'Model');

/**
 * Commentモデルのテストケース
 */
class CommentTest extends CakeTestCase {

/**
 * Fixture
 * 必要なテスト用テーブルの用意
 *
```

続く→

```php
 * @var array
 */
    public $fixtures = array(
        'app.comment',
        'app.post'
    );

/**
 * Commentモデルのインスタンス化
 * setUp method
 *
 * @return void
 */
    public function setUp() {
        parent::setUp();
        $this->Comment = ClassRegistry::init('Comment');
    }

/**
 * Commentモデルインスタンスの開放
 * tearDown method
 *
 * @return void
 */
    public function tearDown() {
        unset($this->Comment);

        parent::tearDown();
    }

/**
 * Commentモデルのメソッドのテストケース
 * test ngword method
 *
```

```
     * @return void
     */
    public function testNgword() {
        $result = $this->Comment->ngword('とても汚い言葉');
        $this->assertTrue($result);

        $result = $this->Comment->ngword('少し汚い言葉');
        $this->assertFalse($result);

        $result = $this->Comment->ngword('きれいな言葉');
        $this->assertFalse($result);
    }

}

?>
```

5.5.2 機能テスト

　Webアプリにおける「機能テスト」は、実装した機能が最終的にブラウザ上で正しく動くかどうか検証するテストをさします。手動でこれを実施することもできますが、主要ブラウザを試すだけでも少なくとも3回は同じテストケースを実行しなければなりません。また、フロントエンドでJavaScriptを用いた機能がある場合、特定のブラウザだけ動かなくなるような悩ましいバグが発生することは避けがたいことです。

　そこで、このような機能テストを自動化できる、「Selenium」等のツールを利用するのがセオリーです。例えばSeleniumでは、多くの主要ブラウザ上でマルチプラットフォームにテストを実行できます。これはブラウザ上にアドオンなどでSeleniumのコンポーネントを乗せ、それを介在してSeleniumがブラウザを操作することによって実現します。そのため自動化テストの作成コストは決して低くはありませんが、コストに見合った成果が期待できることでしょう。

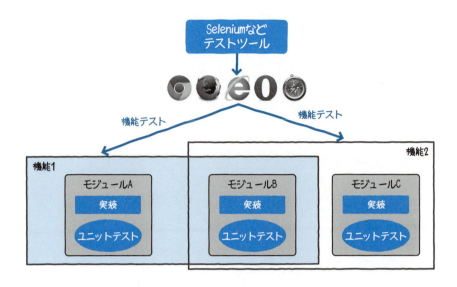

図5.16　自動テストツールによる機能テスト

5.6 セキュリティ

　インターネット上に公開されているWebアプリは、外部から多くの攻撃にさらされています。サーバー、プログラムのセキュリティホールから侵入するための自動攻撃BOTが山のように攻撃を仕掛けてきます。

　また、特定のWebアプリやフレームワークのセキュリティホールを突いてくるような攻撃を受ける場合もあります。

　これらの攻撃から身を守るために、セキュリティに配慮した実装をする必要があります。

5.6.1　CSRF

　Webアプリの典型的な攻撃の1つとして、「CSRF(Cross Site Request Forgeries)」があります。これは、サイト利用者に捏造したリクエストを送信させる攻撃で、フォームで入力した覚えのない書き込みを送信させ、攻撃者が利用者になりすますといったことができてしまいます。

この攻撃を防ぐ手段を用意していないと、容易にこの攻撃が成功してしまいます。この状態を「CSRF脆弱性がある」と言い、Webアプリは何かしらの対応策を用意しなければなりません。

　CSRFの対策としてはフォームに「ワンタイムトークン」などをメタ情報として埋め込み、攻撃者がリクエストを捏造することを困難にする手法が多く用いられています。

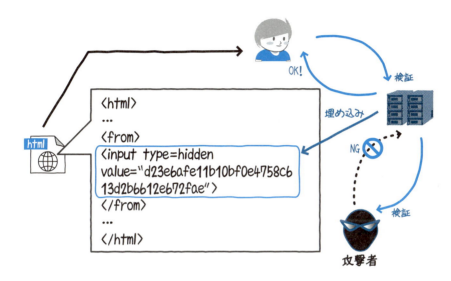

図5.17　CSRF対策をしておく必要がある

　フレームワークの中には、CSRF対策を行うコンポーネントを用意しているものもあります。例えばCakePHPは、以下のようにコアコンポーネントを使うことによってそれを実現しています。

リスト5.20　コンポーネントによるCSRF対策例（CakePHP）

```
<?php

class AppController extends Controller {

    public $components = [
        'Security' => [
```

続く→

```
                // フォームへのトークンの埋め込み、チェックをする（デフォルトで有効）
                'csrfCheck' => true
            ]
        ];
    }
?>
```

5.6.2 XSS

「XSS（Cross Site Scripting）」は、掲示板などのWebアプリで、JavaScriptなど任意のスクリプトを埋め込み、他の利用者に対して実行するという攻撃方法です。

この攻撃を防ぐには、フォームなどで入力したテキストがスクリプトとして実行されないように、適切にエスケープしなければなりません。

PHPでは初めから専用にエスケープを行う関数が用意されています。

リスト5.21　PHPに備えられているXSS対策の関数
```
<?=htmlspecialchars('<script>...</script>', ENT_QUOTES, 'UTF-8'); ?>;
```

この関数は図5.18のように、特殊文字をHTMLエンティティにエスケープしてくれます。

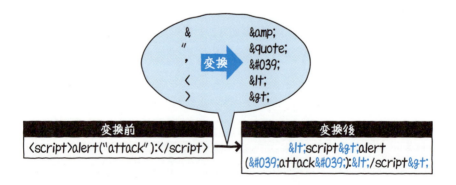

図5.18　特殊文字のエスケープ

また、フレームワークを使うと、ビューに渡される変数が自動的にエスケープされたり、上記の関数の省略記法が用意されていたりします。CakePHPは後者で、h($str)のように使えます。

ただし、このエスケープだけでは弾けないXSS脆弱性も存在します。例えば、HTMLタグの属性値に直接ユーザー入力を展開すると、例えエスケープしていても、任意のスクリプトが実行できてしまいます。

リスト5.22　エスケープで弾けないXSS脆弱性の例
```
<a href="<?=h("javascript:alert('Test')"); ?>"></a>
```

この場合、展開するユーザー入力が妥当な値か、必ず検証する必要があります。

5.6.3　SQLインジェクション

RDBを使っている場合、投稿や検索などのたびに、ユーザー入力を元にSQLを発行します。このとき、悪意のあるユーザーによって発行するSQLが改ざんされてしまうことがあり、それを「SQLインジェクション攻撃」と呼びます。

回避方法として、SQLに入力値を渡す際に適切なエスケープを施すことが必要です。

●プリペアードステートメント

直接入力値をエスケープする方法を取ることもできますが、代わりに、「プリペアードステートメント」を使用する方法もあります。プリペアードステートメントはSQLのテンプレートのようなもので、挿入したい変数を自動的にエスケープしてくれます。

リスト5.23　プリペアードステートメントによるエスケープ例
```
<?php
// ステートメント（SQL文）を準備する
$query = $pdo->prepare('UPDATE articles set title = :title');
// $_POST['title']に文字列が入っているとする
$result = $query->execute($_POST);
?>
```

プリペアードステートメント。:title にエスケープされた文字列が挿入される

自分で入力値をエスケープすることもできますが、プリペアードステートメントを使用すれば、RDBMSがSQL文をコンパイルする回数が減り、より高速になるなどのメリットもあり、でき得る限りこの仕組みを使うことが望ましいでしょう。

5.7 デバッグ

プログラムを開発している中では、動かない部分や「バグ」がどんどん出てきます。それをなくしていく作業を「デバッグ」といいます。

5.7.1 エラーハンドリング

開発中に警告や致命的なエラーが起こることがあります。このときこそがバグを潰す一番早いチャンスとなります。なぜなら、エラーの表示には基本的にデバッグに必要となる情報のほとんどが書かれているからです。

PHPであれば、「Xdebug」というデバッグ用の拡張が存在します。これを使うことで、デバッグを効率良く行えます。エラーの原因、変数の概要を見やすい形で出力してくれたり、統計情報を取れるなど、デバッグ用の基本機能が使えるようになります。Xdebugのように、各言語や環境に応じてデバッグツールの導入をすることで、効率良くエラー、バグの修正ができるようになります。

●エラーがないときのデバッグ方法

すべてのバグがエラーを吐くとは限りません。エラーが出ていないときに、バグの原因を特定するのは出ているとき以上の困難を伴います。このときのデバッグの基本的な方法は「ステップ実行」と「変数の追跡」です。

これをPHPで行うためにはXdebug拡張を入れた後、デバッグサーバーを立てる必要があります。デバッグサーバーは各種IDEから立てることができ、実際の設定はさほど難しくありません。

また、Xdebugが利用できない、もしくはデバッグサーバーを立てられる環境にないときもあります。そのときは、手動でデバッグを行わなければならないこともあります。ソースコードの特定の位置での変数の状況を見たい場合、その直前／直後でprint_r()などを使って変数のダンプを出力します。

リスト5.24　変数のダンプを出力する

```php
<?php

if ($this->isDebuggingMethod($arg1, $arg2)) {
    echo 'arg1:', "\n";
    print_r($arg1);
    echo 'arg2:', "\n";
    print_r($arg2);
}
?>
```

5.7.2 ログ

予測できないエラーや、ネットワークや通信相手サーバーの状態によって起こるエラーの場合、原因の特定が難しいことがあります。その場合は「ログ」を取っておくのがいいでしょう。

CakePHPでは、ログを取るためのクラスが初めから内蔵されています。

リスト5.25　ログの取得

```php
<?php

try {
    // Facebookリクエストの取得
    return (new Facebook\FacebookRequest($session, 'GET', '/me'))
        ->execute();
} catch(Exception $e) {
    // なんらかの原因で拒否された。
    // 理由のログを取るため例外のメッセージを記録
    $this->log($e->__toString());
    return false;
}

?>
```

適切にログを取ることで、突然のエラーにも対応することができるようになることがあります。

第 6 章

サーバーサイドプログラムの実装例（Node.js 編）

6.1 Node.js について

前章ではPHPによるWebアプリの作成について紹介しました。本章ではNode.jsを使用したWebアプリ開発の特徴や実装例を中心に、サーバー上でどのように動いているか紹介していきます。

6.1.1 Node.js とは

Node.jsとは、Google Chrome用に開発されたJavaScript V8エンジンをサーバー上で実行できるようにしたものです。これにより、JavaScriptを使用して、サーバーサイドプログラムを組むことができるようになりました。

Node.jsはスケーラビリティに優れたアプリケーションを構築することを目ざしており、軽量で効率良く、大量の処理が可能となります。これを実現するためにNode.jsでは、「シングルスレッド」での動作、「イベント駆動」と「ノンブロッキングI/O」というモデルを採用しています。

また、本書ではWebサーバーとしてのNode.jsについて紹介しますが、Webサーバーだけでなく独自プロトコルをも扱えるので、さまざまなサーバーとして動作させることが可能です。

6.1.2 Node.js の特徴

Node.jsの特徴である、シングルスレッドでの動作、イベント駆動（イベントループ）、ノンブロッキングI/Oについて説明します。

◉シングルスレッド

Node.jsの特徴としてシングルスレッドを挙げましたが、そもそもスレッドとはどのようなものなのかを見ていきます。スレッドとは、「連続した処理の流れにおける最小の実行単位」をさします。銀行のATMでお金を引き出す処理で具体的にたとえると、

①**ユーザーが引き出す金額を入力する。**
②**ATMが入金状況などを確認する。**
③**ATMがユーザーにお金を渡す。**

というような、一連の処理のことを「スレッド」と呼びます。

スレッドには「シングルスレッド」と「マルチスレッド」の2種類の処理方式があります。

シングルスレッドとは、1つの処理を逐次（直列）に処理していくことで、ATMの処理でたとえると、1台のATMで複数人の要求を逐次対応する方式です（図6.1）。

図6.1　シングルスレッドによる逐次処理の様子（ATMの場合）

これに対して、マルチスレッドは複数のスレッド（ATM）を生成し、並列で複数人の要求を逐次対応する方式です（図6.2）。

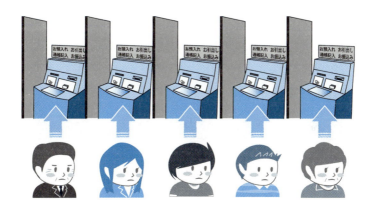

図6.2　マルチスレッドによる並列処理の様子（ATMの場合）

マルチスレッドでは、ATMが複数ある分だけ設置スペース（メモリ）は増幅しますが、並列で処理することが可能です。一方、シングルスレッドの場合、ATMが1台のため、設置スペース（メモリ）を抑えることができます。しかし、列に並ばせて順番に処理を行うため、誰かが引き出すのに時間がかかってしまうと、後ろに並んでいる人はなかなかお金を引き出すことができず、処理待ちが発生します。

Node.jsでは、この処理待ちが発生してしまう問題を「イベント駆動」と「ノンブロッキングI/O」で解消します。

◉イベント駆動（イベントループ方式）

2つ目の特徴として挙げられるイベントループ方式は、ネットワークI/OやファイルI/O処理を監視しながらプログラムを実行する方式です。ネットワーク入出力やファイル入出力のイベントが発生した際、すぐに処理するのではなく、「Queue（キュー）」と呼ばれる領域に一旦格納します。格納されたイベントは、バックグラウンドで動作している入出力処理によって順次リクエストに応じた処理を行います。

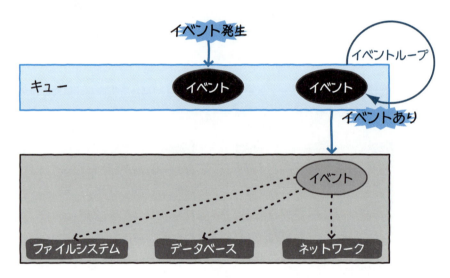

図6.3　イベントループ方式

◉ノンブロッキングI/O

3つ目の特徴として挙げられるノンブロッキングI/Oとは、データの送受信の完了を待たずに他の処理を開始する（処理の完了を待つことで他の処理の進行を邪魔しな

い）方式ことです。この方式を採用することで、シングルスレッドで動作する弱点（処理待ちが発生する）を改善しています。以下のように動作します。

①**Queueに格納されているイベントを入出力処理を行う機能に引き渡す。**
②**渡された側では、イベントの内容に合った処理（ファイルの入出力やデータベースへの入出力）を行う。**
③**処理を実行中に別のイベントが発生した場合、先の処理を実行中に別の処理を実行する。**
④**処理が完了したら、コールバック関数で結果を返す。**

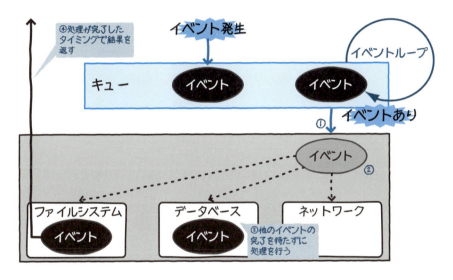

図6.4　ノンブロッキングI/O

●処理動作の例

これまでに紹介したことを踏まえて、Node.jsがどうのように処理しているかを、銀行の受付けを例に説明したいと思います。

　受付……Node.js
　お客……イベント

受付にはお客（イベント）が並び、入金や出金などの要求を伝えます（イベントル

ープ）。受付はお客からの要求を受け取り、要求に応じた処理を行いながら、次の要求を受け取ります（ノンブロッキングI/O）。

　これによって、見せかけ上（あくまでシングルスレッドなので複数の処理を同時には行えない）、1つの受付で同時に2つ以上の処理を行います。

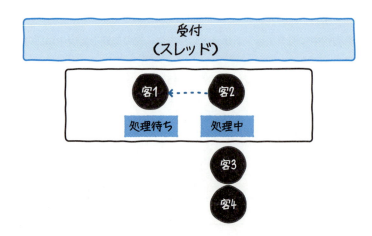

図6.5　ノンブロッキングI/OによるNode.jsの挙動

　シングルスレッド処理でメモリやCPU負荷を抑えつつ、処理が同時に複数行えるため、膨大な接続数があり、同時に処理することがないWebアプリにはとても有効です。

6.1.3　メリットとデメリット

　これまでのことを踏まえて、Node.jsのメリットとデメリットをまとめてみます。

◉メリット

- 大量のリクエストを処理することができる。
- メモリの増加量を抑えられる。Apacheは1つのアクセスに対し、1つのスレッドを生成する。そのため、同時アクセス数が増えることで使用するメモリも増えてしまい、ある時点から急にパフォーマンスが低下する（C10K問題）。しかし、Node.jsではシングルスレッドで動作するため、メモリの増加量を抑えることが可能。

- アドオン（パッケージモジュール）が充実している。例えば、リアルタイム通信を可能にするWebSocketを容易に扱うことができる「Socket.io」がある。

◉デメリット

- イベント駆動で処理を直列化しているので、あるリクエストの処理に時間がかかる場合、他のすべてのリクエストをブロックする可能性がある。
- 非同期化によるパフォーマンス向上がイベント駆動に依存するため、イベントを受けるコールバック関数が多くなり、ソースコードの見通しが悪くなる[*1]。

6.1.4　Node.jsとPHPの違い

ここで、PHPとNode.jsとの違いを見ておきたいと思います。

PHPを使用したWebアプリでは、サーバーサイドスクリプトを、ApacheやNginxなどWebサーバーソフトウェアと組み合わせて動作させます。Node.jsではWebサーバーとサーバーサイドプログラムを一緒に作成するため、ApacheやNginxなどのWebサーバーソフトウェアが必要ありません。そのため、HTTPリクエスト／レスポンスはNode.js自身が送受信することになります。

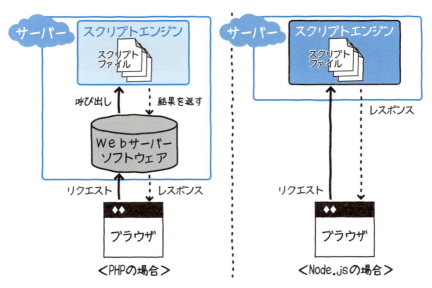

図6.6　サーバーサイドスクリプトとNode.jsの動作比較

【*1】コールバック関数などの非同期処理は、Promiseオブジェクトを利用することでソースコードの複雑さを改善することができる。

6.2 Node.jsによるサーバーサイドの処理

では、具体的な実際のプログラムを例に、各構成技術がどのような働きをすることでサーバーサイドの処理を実現しているのか、を見ていきましょう。まずは、Node.jsのセットアップから始めます。

6.2.1 Node.jsのインストール

開発環境へNode.jsをインストールします。Node.jsのインストールは、次のページから各プラットフォームに合ったインストーラーをダウンロードして行います。

「node.js」
⇒https://nodejs.org/download/

ここでは、Mac OS向けのインストール手順を紹介します。上記のサイトにアクセスして、Mac OS向けのインストーラーをダウンロードします。

図6.7 Mac OS用のインストーラーをダウンロードする

ダウンロードしたインストーラーを起動します。すると、図6.8のようなウィンドウが表示されるので［続ける］をクリックします。

図6.8　インストーラーを起動してインストール作業を開始する

続いてライセンス（使用許諾契約）が表示されるので、内容を確認した上で［続ける］をクリックします（図6.9上）。同意するか否かを尋ねられるので、同意して進める場合は［同意する］をクリックしてください（図6.9下）。

図6.9　インストーラーを起動してインストール作業を開始する

使用領域やインストール場所などの確認画面が表示されるので、問題なければ［インストール］をクリックします（図6.10上）。すると、ユーザー名とパスワードを入力するウィンドウが表示されるので、OSにログインする際の内容を入力して、［ソフトウェアをインストール］をクリックしてください。

図6.10　インストールの確認

インストールが開始されて、完了すると図6.11下のようにインストールされたパスが表示されます。［閉じる］をクリックすると、インストールは完了です。

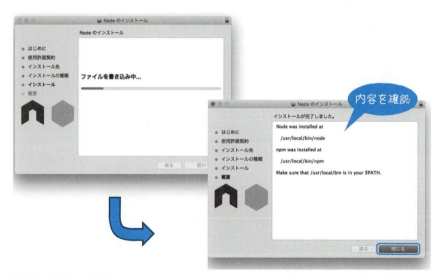

図6.11　インストール完了

さて、実際にインストールされていることを確認しましょう。ターミナルを起動して次のコマンドを実行します。

```
$ node -v
v0.12.2
```

「v0.12.2」のようにバージョンが表示されれば、インストールは成功しています。表示されない場合はインストールに失敗しているので、再度インストールしてみましょう。

6.2.2 パッケージモジュール

Webアプリを開発する上で、実現したい機能や要件すべてをフルスクラッチで作り上げることはまずありえません。不要な手間を省くというのはもちろんですが、開発効率の観点からも、フレームワークやライブラリを使用して開発していきます。

Node.jsにはパッケージモジュール群が多くありますので、いくつか紹介しておきます。パッケージモジュールを使用することで、Node.jsをより扱いやすく、機能を拡張することができます。

●npm

「npm」（node package manager）は、Node.jsで作られたパッケージモジュールを管理するためのツールです。他の開発者が公開しているパッケージモジュールも登録されており、自由に使うことができます。npmで管理されているモジュールはJavaScriptで作成されているため、サーバーサイドで使用されるもの以外にも、フロントエンドの開発向けに作られたモジュールも多くあります。

また、npmへは誰でも編集や登録が可能なため、悪意のあるモジュールが含まれている可能性もあります。使用するモジュールを選定するときには、安易に使うのでなく、モジュールの作成者や更新頻度、使用頻度を調べた上で使用してください。

npmで管理されているモジュールは公式サイト（https://www.npmjs.org/）で確認することができます。

npmで管理されているモジュールを使用するときは、npmコマンドを使用してインストールします。npmコマンドはNode.jsをインストールしたときに同時にインストールされますので、正常にインストールされているか確認してみましょう。以下のコマンドを実行します。

```
$ npm -v
2.1.3
```

「2.1.3」などバージョン情報が表示されれば、npmコマンドも正常にインストールされています。

6.3 フレームワークの導入

Node.jsでの代表的なフレームワークに、「Express」、「koa」、「Sails」というものがあります。本書ではExpressのバージョン4系を使用して実装していきます。ExpressはMVCフレームワークとしてメジャーなNode.jsのフレームワークです。

6.3.1 Express のインストール

まずは、Expressモジュールのインストールを行います。Expressはアプリケーションの雛形（テンプレート）を生成するexpressコマンドも提供するため、グローバルオプション付きでインストールします。

```
$ npm install -g express-generator
```

インストールが完了したら、express コマンドを使用してアプリケーションの雛形を作成します。

```
$ express <アプリケーションのディレクトリ名>
```

これでExpressフレームワークの導入は完了です。

◉フォルダ構成

expressコマンドで生成したアプリケーションテンプレートの構造は、図6.12のようになっています。

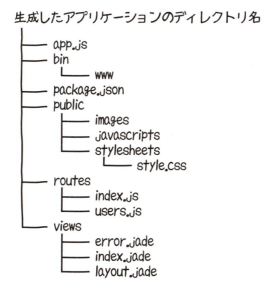

図6.12　expressコマンドで作成したアプリケーションテンプレートの構造

各ファイル／ディレクトリの概要は表6.1のようになっています。

表6.1　expressコマンドで生成されるファイルとフォルダ

ファイル／ディレクトリ名	概要
app.js	アプリケーションのメインとなる処理を記述
bin/www	サーバーを起動する内容を記述し、app.jsを起動している
routes	ルーティングを格納
views	ビューファイルを格納
package.json	各モジュールのバージョンなどの管理ファイル

　ExpressはMVCフレームワークであるため、テンプレートを作成した時点で、ディレクトリ構成がMVCアーキテクチャの構造になっています。MVCの"C"にあたるコントローラの処理はroutesディレクトリに格納し、レスポンスの描画（"V"にあたるビュー）を行うファイルはviewsディレクトリに格納します。"M"にあたるデータの読み書きとビジネスロジックを行うモデルは、後述するMongoDBとmongooseを使用することでroutesディレクトリと切り離して実装することができます。

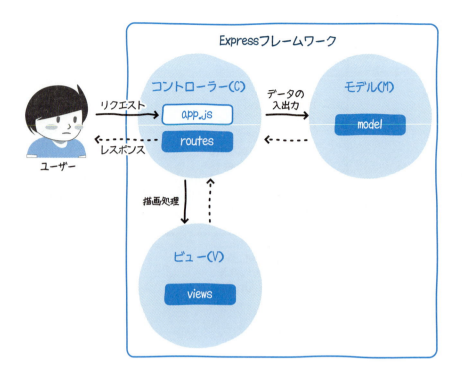

図6.13　Expressで生成したディレクトリ構造とMVCアーキテクチャ

6.3.2　アプリケーションの起動

　Expressフレームワークの全体像がつかめたところで、実際に起動してみましょう。このままでは必要なモジュールがインストールされていないので、各モジュールをインストールします。必要なモジュールはpackege.jsonに記載されています。

リスト6.1　packege.json

```
{
    "name": "test",
    "version": "0.0.0",
    "private": true,
    "scripts": {
```

```
      "start": "node ./bin/www"
  },
  "dependencies": {
      "express": "~4.9.0",
      "body-parser": "~1.8.1",
      "cookie-parser": "~1.3.3",
      "morgan": "~1.3.0",
      "serve-favicon": "~2.1.3",
      "debug": "~2.0.0",
      "jade": "~1.6.0"
  }
}
```

　packege.jsonに記載されたパッケージを一括でインストールする場合は、次のコマンドでインストールします。

```
$ cd <アプリケーションのディレクトリ名>
$ npm install
```

　これで準備が完了しました。さっそくアプリケーションを起動してみましょう。起動するには、作成したアプリケーションディレクトリ内にあるbin/wwwを実行します。

```
$ npm start

> sample@0.0.0 start /Users/takeda/Desktop/sample
> node ./bin/www
```

　実行するとポート3000番をリスニングするWebサーバーが起動します。ブラウザから「http://localhost:3000」にアクセスして次のような画面が表示されれば起動成功です。

図6.14　アプリケーションの起動成功

6.3.3　URL ルーティング

　この項では、ルーティングに関わる部分を中心に説明していきます。第5章でも述べられているように、Webアプリでは、すべてのリクエストやパラメータに対応するように処理を振り分けます。

　Expressではapp.jsでクライアントからのリクエストを受け取り、要求に応じてroutesフォルダのファイルへリクエストを渡します。渡されたroutesフォルダ配下の該当のファイルでは、リクエストに応じて、データベースからの値の取得やページの情報を返します。

　まずは、ユーザーからリクエストを受け取り、routesフォルダのmypage.jsへリクエストを渡すまでの流れを見てみましょう。

リスト6.2　app.js

```
…（略）…
// ルーティングパスの読み込み
var routes = require('./routes/index');
var mypage = require('./routes/mypage'); ─②


var app = express();

// view engine setup
app.set('views', path.join(__dirname, 'views'));
```

```
app.engine('html', swig.renderFile);
app.set('view engine', 'html');
…（略）…

// ルーティングハンドラの設定
app.use('/', routes);
app.use('/mypage', mypage);―①
…（略）…
```

app.use();の第一引数にはルーティングパスを設定します。①では'/mypage'を指定しているので、http://localhost:3000/mypageにアクセスした場合に処理を行います。第二引数には②のrequire('./routes/mypage');で読み込んだroutes/mypage.js内のハンドラがコールバックとして渡されます。

routes/mypage.jsを見てみると、リスト6.3のようになります。app.jsのapp.use();の時点では、httpメソッドを意識せずに設定しています。実際に意識するのはroutes/mypage.jsの中です。

リスト6.3　mypage.js

```
var express = require('express');
var router = express.Router();

// http://localhost:3000/mypage にGETリクエストでアクセスがあった場合
router.get('/', function(req, res) {

    // ページのレンダリング処理やDBへの入出力処理

});

// http://localhost:3000/mypage にPOSTリクエストでアクセスがあった場合
router.post('/', function(req, res) {

    // ページのレンダリング処理やDBへの入出力処理

});
```

続く→

```
module.exports = router;
```

6.3.4 テンプレートエンジン

　Node.jsではデフォルトのテンプレートエンジンは「Jade」です。しかし、今回はフロントエンドで使用している「swig」をサーバーサイドでも使用したいと思います。フロントサイドと共通したテンプレートエンジンを使用することで、通常のHTMLファイルからテンプレートファイルを作成する作業を簡略化することができます。

　通常の作業フローではフロントエンジニアから渡されたHTMLファイルをヘッダ部やフッタ部、各コンテンツのページ部分に分解してテンプレートファイルを作成後に、サーバーサイドで表示する部分を実装します。簡略化することで、HTMLファイルを分解する必要がなく、すぐにサーバーサイドでの実装に移行することができます。

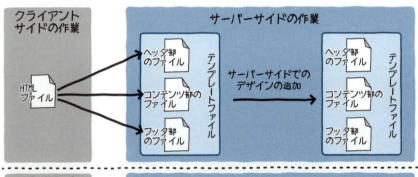

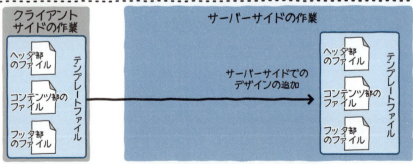

図6.15　共通のテンプレートエンジンを使用して作業を簡略化する

swigを使用するために、以下のようにしてモジュールをインストールします。

```
$ npm install swig --save
```

インストールコマンドに「--save」オプションを付与することで、同時にpackage.jsonへインストールするパッケージの情報が自動的に記載されます。

これでswigを使う準備ができました。

続いて、app.jsのテンプレートエンジン設定箇所の修正を行います。

リスト6.4　app.jsのテンプレートエンジン設定箇所を変更する

```
＜変更前＞
// view engine setup
app.set('views', path.join(__dirname, 'views'));
app.set('view engine', 'jade');


    ↓


＜変更後＞
// view engine setup
app.set('views', path.join(__dirname, 'views'));
app.engine('html', swig.renderFile);
app.set('view engine', 'html');
```

次に、ビューへパラメータを渡し、レンダリングする処理をmypage.jsに記載します。renderメソッドでは、第一引数にレンダリングページのファイル名を指定します。第二引数にはページで使用するパラメータのオブジェクトを設定します。

リスト6.5　mypage.jsにrenderメソッドを実装する

```
router.get('/', function(req, res) {

    // ページのレンダリング処理やDBへの入出力処理
    res.render('mypage', {allKentei: results[1]});
});
```

続いて、ビューファイルの編集を行います。まず、index.htmlを作成します。swigではロジック部分を{% %}タグ、変数部分を{{ }}でくくってHTMLファイルに埋め込むことでテンプレート化ができます。

リスト6.6　mypage.htmlにindex.html作成処理を実装する

```
{% extends 'html_modules/layouts/after_login.html' %}
{% block category %}question{% endblock %}

{% block content %}

<!-- main contents begin -->
<div class="csl-l-main-contents">

    <h2 class="csl-title">カテゴリー</h2>
    <nav class="csl-nav csl-mb40">
        <ul>
            {% for item in allKentei %}
            <li><a href="{{ item.link }}">{{ item.title }}</a></li>
            {% endfor %}
        </ul>
    </nav><!-- /.csl-nav -->

… (省略) …
```

これで、テンプレートエンジンの変更が完了です。

6.3.5　セッション

Node.jsでステートフルなWebアプリを作成する場合には、PHPと同様にセッション管理が必要になります。本書のサンプルでは、ログインが完了したユーザーはユーザー名をセッションに保持し、各ページで表示されるようにします。

Expressでセッションを使う場合には、npmモジュールが必要になるのでインストールします。

```
$ npm install express-session --save
```

では、セッション管理を行うセッション機能を実装していきます。まずは、app.jsにセッションを使用するための設定を行います。

リスト6.7　app.jsにsession設定処理を実装する

```
…（省略）…
var bodyParser = require('body-parser');
var session = require('express-session');
var login = require('./routes/login');
…（省略）…

app.use('/login', login);
app.use(cookieParser());
// cookieに書き込むsessionの仕様を定める
app.use(session({
    secret: process.env.SESSION_SECRET || 'session secret',─①
    store: new MongoStore({
        db: 'session',
        host: 'localhost',
        clear_interval: 60 * 60
    }),
    cookie: {
        httpOnly: false,
        maxAge: new Date(Date.now() + 1000 * 60 * 60 * 24)
    },
    resave: false,
    saveUninitialized: false
}));
```

①の'session secret'はセッション用のCookie値の改ざんを防ぐために使用し、公開時には秘密性の高い値にできるように、環境変数を参照します。

実際にセッションを使用する部分の実装に移ります。まずは、ユーザーデータをセッションに保持する部分になります。サンプルではメールアドレスとパスワードが等

しい場合にログイン成功とし、メールアドレスをセッションに保持します。保持が完了したらマイページにリダイレクトします。

リスト6.8　ユーザーデータを保持する機能を実装する（login.js）
```
router.post('/login', function(req, res){
    // ID / PW チェック
    if( req.body.email === req.body.password){
        // 認証成功時はセッションにemailアドレスを保持
        req.session.email = req.body.email;
        res.redirect('mypage');
    }
});
```

リダイレクト先でセッションを使う場合には、リクエストオブジェクトのsessionプロパティから値を取得します。

リスト6.9　sessionプロパティから値を取得する（apps.js）
```
var express = require('express');
var router = express.Router();

router.get('/', function(req, res){
    console.log(req.session.email);
});

module.exports = router;
```

このようにセッション情報を保持し、必要なページで取り出しセッションを使用します。

図6.16　セッション情報の保持

6.4 MongoDBとの連携

Webアプリでは、ユーザーデータを保持するためにデータベースとの連携が不可欠になります。今回はNoSQLに分類される「MongoDB」を使用してデータを保持するようにします。

6.4.1 アプリケーションとデータベース

ここでSQLとNoSQLの違いを簡単に説明します。MongoDBは、「データベース」、「コレクション」、「ドキュメント」の3つからなる階層構造になっています。RDBMSと比較すると、図6.17のようになります。

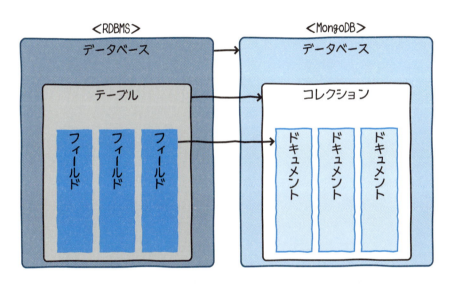

図6.17　MongoDBと一般的なRDBMSの構造比較

MongoDBではテーブルの代わりに「コレクション」と呼ばれる階層にデータ(「ドキュメント」)を格納します。また、RDBとは異なり、スキーマレス[*2]なデータベースなためさまざまな型のデータ(ドキュメント)を保存することができます。

【*2】テーブルやカラムの定義なしでもデータを保存することが可能なこと。

6.4.2　mongooseでMongoDBを操作する

では、実際にNode.jsからMongoDBを操作してみたいと思います。Node.jsからの操作を楽に行うためにMongoDBのアクセスライブラリであるnpmモジュール「mongoose」をインストールします。

```
$ npm install mongoose --save
```

MongoDBではスキーマレスなデータベースであることが1つの特徴ですが、今回はスキーマを定義しています。スキーマを定義する理由としては、定義してないデータを入力できないように、バリデーションを行ってくれるということがあります。

モデルとして実装するためにmodelsフォルダを作成し、スキーマ用のファイルを作成します。今回は登録したユーザーのスキーマを定義します。定義するデータは「name」、「e-mailアドレス」、「ログインパスワード」、「登録日時」です。必須データとして、データ型が文字列の「name」、「e-mailアドレス」、「ログインパスワード」、「登録日時」はデータ型をDateとし、デフォルト値で現在日時を登録するようにします。

リスト6.10　スキーマ用ファイル（models/userModel.js）

```
// mongooseの読み込み
var mongoose = require('mongoose');

// スキーマの定義
var Schema = mongoose.Schema;
var UserSchema = new Schema({
    name: {type: String, require: true},
    email: {type: String, require: true},
    passwd: {type: String, require: true},
    createTime: {type: Date, default: Date.now}
});
```

スキーマ定義とは別ファイルを作成し、実際のデータベースへの入出力処理はそこへ記載します。データベースへの接続が必要な処理についてはこのファイルを読みこんで使用します。

リスト6.11　データベースへの入出力用ファイル（model/MongoMng.js）

```javascript
var mongoose = require('mongoose');

module.exports = (function(){

    // コンストラクタ（DBへの接続）
    var ModelMng = function(){};

    ModelMng.prototype = {
        connectDB: function() {
            mongoose.connect('mongodb://localhost/kentei',function (err){
                if(err){
                    console.log('DB connection Failed!' + err);
                }
                else{
                    console.log('DB connection success!');
                }
            });
        }
    }
    return ModelMng;

})();
```

データベースへの接続結果はconnectメソッドのコールバック関数として発行されます。接続に成功すれば、コンソール上に「DB connection success!」と表示されます。

●登録／追加

次にデータベース内のUsersドキュメントにデータを追加してみます。mongooseでデータを追加する場合、追加するデータのインスタンスを作成し、それをsaveコマンドによって追加します。

リスト6.12 データベースにデータを追加する（model/MongoMng.js）
```
    // メールアドレスとユーザー名が新規なのでデータベースに挿入
    var users = new Users({name: 'misoda', email: 'misoda@cshool.js',
 passwd: 'MISODA'});
    users.save(function(err){
        if(err){
            // エラー時の処理
        }
    });
```

●検索

Usersスキーマでemailドキュメントが一致するものを検索してみます。処理結果はコールバック関数の第一引数のerr、取得されたデータは第二引数のdocsで渡されます。

リスト6.13 データベースのデータを検索する
```
Users.find({email: 'misoda@cshool.js'}, function(err, docs){
    if(err){
        // エラー時の処理
    }

    // データを取得後の処理
});
```

●更新

データの更新は、第一引数の1つめのオブジェクトに更新する対象のドキュメントのキーを設定し、第二引数に更新内容を設定します。

リスト6.14 データベースのデータを更新する
```
    Users.update({email: 'misoda@cshool.js'}, {$set: {name: 'Misoda'}},
 function(err){
        if(err){
```

```
            // エラー時の処理
        }

        // データを取得後の処理
    });
```

6.5 フロントサイドとの連携（APIの実装）

フロントサイドからの要求にはページ遷移のものと、Webブラウザ内において非同期通信で行うもの（Ajax）があります。近年話題になっているシングルページアプリケーション（SPA）はAjaxを使用してデータを取得し、HTMLを変更しています。

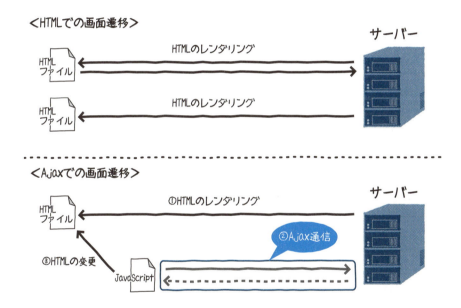

図6.18　ページ遷移と非同期通信

ここでは、フロントサイドからAjaxによる通信に対して、サーバーサイドでリクエストの取得とレスポンスを返却する処理を実装していきます。

リクエストの取得

リクエストは、表6.2のような内容とします。

表6.2 フロントサイドからAjax通信で行うリクエスト内容

アドレス	メソッド	パラメータ
/api/getStatus	GET	key：username / value：ユーザー名
/api/getUserData	POST	key：username / value：ユーザー名

このリクエストを取得する場合、直感的にはリスト6.15のようにして値を取得します。

リスト6.15　GET/POSTリクエストの取得
```
app.get('/api/getStatus', function(req, res){
    // GETリクエスト受信後の処理
});


app.post('/api/getUserData', function(req, res){
    // POSTリクエスト受信後の処理
});
```

このようにして、フロントサイドからのリクエストを取得することが可能ですが、ルーティングパスを工夫して処理することも可能です。

ルーティングパスに指定した文字列（'/api/getStatus'）は内部で正規表現に変換されて保持されます。リクエストを受け取るとリクエストのパスを保持している正規表現でチェックを行い、最初にマッチしたものから実行されます。

リスト6.16　リクエストのパスを検索して実行
```
app.use('/api/:apiType', function(req, res, next){
    if(req.params.apiType !== 'getStatus'){
        // 該当しなければ次の処理へ
        return next();
    }
}, function(req, res, next){
```

```
        if(req.params.apiType !== 'getUserData'){
            // 該当しなければ次の処理へ
            return next();
        }
    }, function(req, res, next){
        // すべてに該当しなかったのでレスポンスとしてNGを返す
    });
```

ここですべてのパターンについては言及しませんが、よく使うものについて紹介しておきます。

表6.3　正規表現でヒットするルーティングパスのパターン

ルーティングパス	マッチするパターン
'/'	/
'/path'	/path/
'/path/:id'	/path/1, /path/2, /path/status/ など
'/path/:id/:sid'	/path/1/1/, /path/2/2/, /path/status/1/

6.5.2　パラメータの取得とレスポンス返却

次にGETとPOSTリクエストで渡されたパラメータ値の取得方法について見ていきます。

GETリクエストのパラメータは、コールバック関数の引数であるリクエストオブジェクトのqueryプロパティに格納されています。

また、POSTリクエストで送信した場合には、パラメータはリクエストメッセージのボディ部に設定されるので、リクエストオブジェクトのbodyプロパティを使用して取得します。

リスト6.17　パラメータの取得

```
app.use('/api/:apiType', function(req, res, next){
    if(req.params.apiType !== 'getStatus'){
        // 該当しなければ次の処理へ
        return next();
```

続く→

```
    }

    // GETリクエストのパラメータ取得
    console.log(req.query.username);      // ユーザー名の表示

}, function(req, res, next){
    if(req.params.apiType !== 'getUserData'){
        // 該当しなければ次の処理へ
        return next();
    }

    // POSTリクエストのパラメータ取得
    console.log(req.body.username);       // ユーザー名の表示

}, function(req, res, next){
    // すべてに該当しなかったのでレスポンスとしてNGを返す
});
```

このままではフロントエンドにレスポンスが返らず、HTTP通信として成立しないのでレスポンスを返します。今回はレスポンスデータのフォーマットをJSON形式とします。レスポンスの送信にはレスポンスオブジェクトを使用します。

リスト6.18　レスポンスオブジェクトを使用してレスポンスを送信する

```
app.use('/api/:apiType', function(req, res, next){
    if(req.params.apiType !== 'getStatus'){
        // 該当しなければ次の処理へ
        return next();
    }

    // GETリクエストのパラメータ取得
    console.log(req.query.username);      // ユーザー名の表示

    // レスポンスパラメータの設定
    var issues = {"status": "apiA"};
```

```
    // JSON形式に変換
    var issuesJSON = JSON.stringify(issues);
    // フロントエンドにレスポンスを送信
    res.status(200).send(issuesJSON);
});
```

6.6 セキュリティ

　Webアプリをインターネット上に公開したタイミングで、少なからず外部からの攻撃を受けます。攻撃からWebアプリを守るためにセキュリティを意識した実装をする必要があります。

6.6.1 XSS（Cross Site Scripting）

　XSSは、JavaScriptなど任意のスクリプトを埋め込み、他の利用者に対して実行するという攻撃方法です。例えば、アクセスした人のcookieを取得し、攻撃者のサーバーにcookie情報を送信し盗む、などがあります。

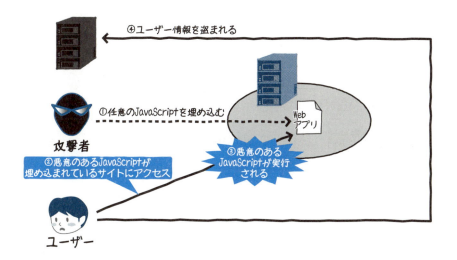

図6.19　XSSによりユーザー情報を盗む方法

この攻撃を防ぐには、任意のスクリプトとして実行されないように、任意のスクリプトに対して「エスケープ処理」をしなければなりません。今回使用しているテンプレートエンジンであるswigでは自動でエスケープ処理を行います。

例としてroute/index.jsを以下のように修正してみましょう。

リスト6.19　JavaScriptファイルを修正する

```
router.get('/', function(req, res) {
    res.render('index', { title: '<script>alert()</script>' });
});
```

HTMLファイルも修正します。

リスト6.20　HTMLファイルを修正する

```
<!DOCTYPE html>
<html>
    <head>
        <link rel='stylesheet' href='/stylesheets/style.css' />
    </head>
    <body>
        <p>{{ title }}</p>
    </body>
</html>
```

次のようにエスケープ処理されています。

```
＜処理前＞
<script>alert();</script>

↓

＜処理後＞
&lt;script&gt;alert();&lt;/script&gt;
```

今度はエスケープ処理をしない場合で動作の確認をしてみましょう。エスケープ処理をさせない部分を{% autoescape false%} {% endautoescape %}で囲みます。

リスト6.21　エスケープ処理しないときの動作

```
<!DOCTYPE html>
<html>
    <head>
        <link rel='stylesheet' href='/stylesheets/style.css' />
    </head>
    <body>
        <p>{% autoescape false%}{{ title }}{% endautoescape %}</p>
    </body>
</html>
```

このようにするとエスケープ処理が行われないので、ページにアクセスした瞬間にアラートのポップアップが表示されます。

<エスケープ処理あり>

<エスケープ処理なし>

図6.20　エスケープ処理

6.6.2　CSRF（クロスサイトリクエストフォージェリ）

CSRFも第5章で触れましたが、利用者が意図しない入力を行わせることで、攻撃者が利用者になりすます方法です。これを防ぐために、PHPのときと同様、フォームにワンタイムトークンを使用してCSRFの対策を行いたいと思います。

CSRF対策用のモジュールをインストールします。

```
$ npm install csurf --save
```

インストールが完了したら、app.jsに読み込ませます。

リスト6.22　CSRF対策モジュールを読み込ませる（app.js）

```js
var favicon = require('serve-favicon');
var logger = require('morgan');
var cookieParser = require('cookie-parser');
var bodyParser = require('body-parser');
var session = require('express-session');
var csurf = require('csurf');
var swig = require('swig');

… (省略) …

app.use(cookieParser());
app.use(session({
    // 'session secret' はセッション用のクッキーの値の改ざんを防ぐもの
    // デプロイ時には秘密の値にできるように、環境変数を参照する
    secret: process.env.SESSION_SECRET || 'session secret',
    store: new MongoStore({
        db: 'session',
        host: 'localhost',
        clear_interval: 60 * 60
    }),
    cookie: {
        httpOnly: false,
        maxAge: new Date(Date.now() + 60 * 60 * 1000)
    },
    resave: false,
    saveUninitialized: false
}));

app.use(csurf());

app.use(express.static(path.join(__dirname, 'public')));
```

トークンを埋め込む箇所において、inputタグのvalueにtokenを設定します。

リスト6.23　inputタグのvalueにtokenを設定する（login.js）

```js
router.get('/', function(req, res) {
    res.render('login', {token: req.csrfToken()});
});
```

リスト6.24　inputタグのvalueにtokenを設定する（login.html）

```html
<form id="js_login_form" class="" action="/login" method="post">

… （省略）…

<input id="token" type="hidden" name="_csrf" value="{{ token }}">
</form>
```

　実際にレンダリングされたときのHTMLの要素を確認すると、任意の文字列がトークンとして設定されていることが確認できます（図6.21）。実際にトークンを変えて通信を行うと期待する動作にはならないことを確認してみてください。

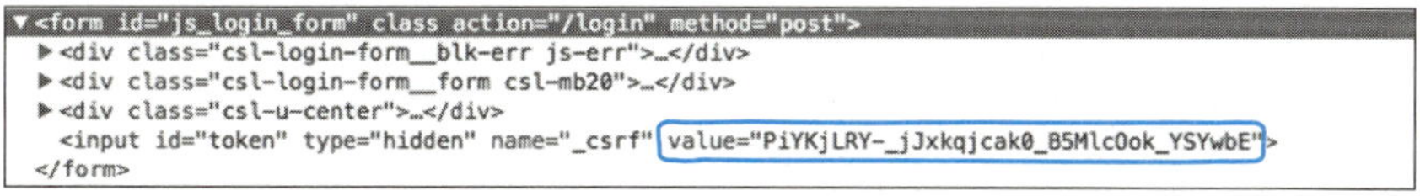

図6.21　任意の文字列がトークンとして設定されている

6.7 デバッグ

　開発中に期待通りに動作しないことは多々あります。動作しない箇所を1つ1つ修正していく作業を「デバッグ」といい、開発には必要不可欠な工程です。

6.7.1 開発時の起動方法

　Node.jsではHot Deploy（サーバーの停止と再起動を行わなくとも、アプリケーションやそのモジュールにさまざまな変更可能なこと）ができないため、ファイルを修正後にNode.jsを再起動する必要があります。

修正するたびに再起動するのでは面倒なため、修正を保存したタイミングで再起動するように「supervisor」モジュールをインストールします。supervisorモジュールは開発時のみに仕様するため、インストールコマンドに「--save-dev」オプションを付与してインストールします[*3]。

```
$ npm install supervisor --save-dev
```

インストールが完了したら続いて、「package.json」を次のように変更します。

リスト6.25　Hot Deployを可能にする設定（package.json）
```
{
…（省略）…
    "scripts": {
        "start": "./node_modules/supervisor/lib/cli-wrapper.js -e node,js,json -i node_modules ./bin/www"
    },
…（省略）…
}
```

これで次から起動した場合はHot Deployが可能になります。

6.7.2　エラーハンドリング

Node.jsでは基本的にほとんどのメソッドがコールバック関数で動作するため、try-catch文ではエラーハンドリングが行えません。例えば、ファイルの入出力を行う場合、「cshool.txt」ファイルが存在しない状態に実行すると「undefined」が表示されます。これは、非同期処理がtry構文を抜けた後に実行されるため、try構文でエラーのハンドリングができないからです。

リスト6.26　try構文でエラーハンドリングできない
```
var fs = require('fs');
try {
    fs.readFile('cshool.txt', function(err, data) {
        console.log(data);
```

[*3] 開発時のみに仕様するパッケージについては「--save-dev」オプションを付与し、運用にも使用するパッケージについては「--save」を付与することがお作法になっている。

```
    });
} catch(e) {
    // try構文内でエラーが発生したら動作する
    console.log('failed this called');
}
```

　正しくエラーハンドリングするためには、登録した処理すべてのコールバック関数内で例外処理を行う必要があります。

リスト6.27　正しくエラーハンドリングを行うために例外処理を実装する

```
var fs = require('fs');
fs.readFile('cshool.text', function(err, data) {
    if (err) {
        // エラーの場合
        console.log(err.message);
    }
    else {
        // 成功の場合
        console.log(data);
    }
});
```

　コールバック関数の第一引数にエラーが返ってくるため、上記のように処理すればエラーメッセージが出力されます。

6.7.3　ログ

　開発時にもログ出力が必要ですが、運用時にも、アクセスログやエラーログの出力は必須になります。ログの出力は通常のファイルシステムメソッドを使用しても実現可能ですが、ここでは「log4js」を使用してログの出力を行います。

　ログ出力の定義ファイル（config.json）を用意します。今回のサンプルではエラーログのみを登録します。

リスト6.28　エラーログを出力する（config.json）

```json
{
    "appenders": [
        {
            "type":     "dateFile",
            "category": "error",
            "filename": "logs/error.log",    // 出力先
            "pattern":  "-yyyy-MM-dd"        // 出力形式
        }
    ]
}
```

エラーログを出力した箇所に設定します。適切にログを取ることで、エラー発生時に原因究明の手助けになります。

リスト6.29　エラーログを出力する

```javascript
var Log4js = require('log4js');
Log4js.configure('logs/config.json');    // app.jsからのパス
errorLogger = Log4js.getLogger('error');

var fs = require('fs');
fs.readFile('hoge.text', function(err, data) {
    if (err) {
        // エラーの場合
        errorLogger.error('File Read Error: ' + err);
    }
    else {
        // 成功の場合
        console.log(data);
    }
});
```

第 7 章

クライアントサイドプログラムの実装例

7.1 クライアントサイドプログラムの開発

前章までは、ビジネスロジックを担当するサーバーサイドプログラムの実装例をご紹介しました。この章ではアプリとユーザーとのインターフェースとなる、クライアントプログラムの実装例をご紹介します。使用する言語はJavaScript、HTML、CSSの3つですが、作業効率を上げるために、第4章で紹介したメタ言語とタスクランナーを使用して実装します。

7.1.1 利用するツールの紹介

まずは作業環境を構築しましょう。今回は以下のツールを利用します。

- **gulp**……**タスクランナー**
- **Sass**……**CSSプリプロセッサ**
- **KSS**……**スタイルガイド作成**
- **Browserify**……**JavaScriptのコンパイル**
- **SWIG**……**HTMLテンプレート**
- **BrowserSync**……**ローカルサーバー**

実際にどういうフローになるのかは、図7.1をご確認ください。

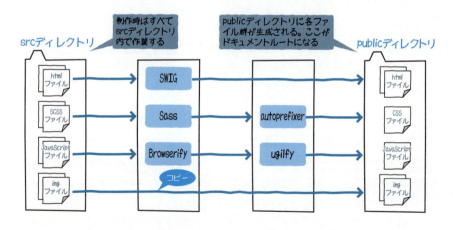

図7.1　クライアントサイドプログラムの開発フロー

タスクを作成する際に重要なのは、「タスクを作ることだけで疲れないようにすること」です。タスクはあくまで作業環境の作成にすぎないので、本開発のために余力を残しておきましょう。また、あまり難解なタスク構成にしてしまうと後々のメンテナンスや、制作メンバーが追加になったときの説明が非常に面倒になってしまいます。なるべくシンプルに、がんばりすぎない、を念頭に置くといいでしょう。gulpfileの詳細については各所で説明いたします。

7.2 HTML

WebアプリのクライアントサイドのR実装では、まずHTMLとCSSで静的な画面を作成してからJavaScriptの実装に入るケースが一般的です。ですので、まずはHTMLの作成方法をご紹介します。

7.2.1 HTML テンプレートによる HTML の作成

今回のアプリでは、最終的にNode.jsやPHPなどのプログラミング言語を組み込むので、HTMLだけで完結しません。ですので、共通個所はSSI[*1]などを利用せずにプレーンな形状で作成したほうがいいでしょう。といいつつも、共通個所をすべて手動で管理するのは非常に骨が折れます。そんなときはNode.js製のHTMLテンプレートを利用して、HTMLを書き出せばいいでしょう。

HTMLテンプレートエンジンには、以下のようなものがあります。

- Jade
- ECT
- EJS
- Swig
- assemble

一番よく知られているのは「Jade」で、以下のような独特な記法で記述します。

リスト7.1　Jadeの記述例

```
doctype html
html
```

続く→

[*1] サーバーサイドインクルード。Apacheの機能であり、HTMLの共通箇所などを1ファイルにまとめて管理できる。

```
head
    title= pageTitle
body
    h1 Hello World
```

以下のようなHTMLが出力されます。

リスト7.2　Jadeによって出力されるHTML

```
<!DOCTYPE html>
<html>
    <head>
        <title>Jade</title>
    </head>
    <body>
        <h1>Hello World</h1>
    </body>
</html>
```

　記述量は大幅に減りますが、可読性が低かったり、Jadeのシンタックスやコードヒントに対応しているエディタがなかったりするなどの問題があります。チームで開発する場合は、他のメンバーの意見を聞いてから採用したほうがいいでしょう。

　今回は記述の仕方がHTMLベースで、Jadeとほぼ同じ機能が扱える「Swig」を採用しました。どのテンプレートもほぼ同じ機能なので、どれを採用するかはメンバーと相談の上で決定してください。なお、採用基準のひとつにGitHubのスター数があります。あまり人気がないものは開発がすぐに止まってしまう可能性があるので注意しましょう。また、コミットが数年されていないものは開発が止まっている可能性があり、使うのは危険です。

　Swigには「レイアウト」という概念が取り入れられています。共通個所はレイアウトファイルで定義をして、個々のページは別ファイルで作成します。共通部分に変更があった場合でもレイアウトファイルを修正するだけで、修正を反映した全HTMLファイルを書き出してくれます。また、SSIのようにパーツを別ファイルに保存して各ページで読み込むことも可能です。

　今回の検定アプリでは、以下のようなフォルダ構成にしてあります。

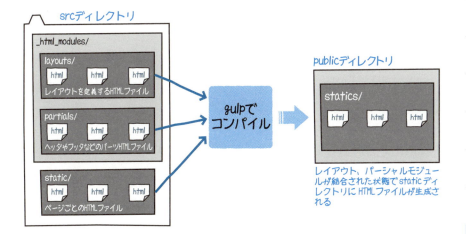

図7.2 検定アプリのフォルダ構成

参考までに、srcディレクトリのファイルの内容を見てみましょう。

リスト7.3は、ログイン後の画面の共通テンプレートファイルになります。

リスト7.3 共通テンプレートファイル (layouts/after_login.html)

```
<!DOCTYPE html>
<html lang="ja">
<head>
    {% include '_html_modules/partials/header_html.html' %}
</head>

<body data-env="dev" data-category="{% block category %}{% endblock %}">

<div class="csl-l-all">

    <main class="csl-l-main">

        <!-- main contents begin -->
        <div class="csl-l-main-contents">
    {% block content %}contents{% endblock %}
        </div><!-- /.csl-l-main-contents -->
```

続く→

```
        <!-- main contents end -->

        </main><!-- /.csl-l-main -->
</div><!-- /.csl-l-all -->

{% include '_html_modules/partials/footer_html.html' %}
{% block scripts %}{% endblock %}
</body>
</html>
```

「{% include ...」と書かれている個所は、SSIのようにパーシャルファイル（共通ファイルを管理するファイル）を読み込んでいます。「{% block ...}」と記述された個所には、ページごとに記載したコンテンツが挿入されます。

サンプルとして、上記のレイアウトファイルを利用した検定ページのHTMLの一部をリスト7.4でご紹介します。

リスト7.4　共通テンプレートを利用した検定ページ例（static/quiz.html）

```
{% extends '_html_modules/layouts/after_login.html' %}
{% block category %}question{% endblock %}

{% block content %}

<nav class="csl-links is-topic-path csl-mb20">
    <ul>
        <li><a href="./mypage.html">マイページ</a></li>
        <li><a href="#">JavaScript</a></li>
        <li>JavaScript基礎検定</li>
    </ul>
</nav>

<div class="csl-title2 csl-mb30">
    <div class="csl-title2__category">JavaScript</div>
    <div class="csl-title2__title">JavaScript基礎検定</div>
</div><!-- /.csl-title-2 -->
```

```html
<div class="csl-l-icontents">

    <div class="csl-box is-style2 csl-question">

        <div id="js_question">

            <div class="csl-quiz-code csl-mb10">
<pre>function testA(a, b) {
    var c = a + b;
    testB(c);
    return c;
}
function testB(c) {
    var d = c * 5;
}
var result = testA(1,2);</pre>
            </div><!-- /.csl-quiz-code -->


            <div class="csl-quiz-list js-quiz-list">
                <a href="#4">
                    <div class="csl-quiz-list__el is-n">D</div>
                    <div class="csl-quiz-list__el is-q">
                        <pre>int a = 0;</pre></div>
                    <div class="csl-quiz-list__el is-c"><i class="csl- ⇒
ico csl-ico-check"></i></div>
                </a>
            </div><!-- /.csl-quiz-list -->


        </div><!-- /.csl-quiz-lists -->


            <div class="csl-u-center">
                <a href="javascript:voit(0);" class="csl-button is- ⇒
medium is-disabled">回答する</a>
```

```
            </div>

        </div><!-- /#js_question -->

    </div><!-- /.csl-box -->
```

```
</div><!-- /.csl-l-icontent -->

{% endblock %}
```

まず「{% extends '_html_modules/layouts/after_login.html' %}」で、このページで使用したいレイアウトファイルのパスを指定しています。そして「{% block content %}」で囲まれた中のソースコードが、gulp実行後にlayouts/after_login.htmlの「{% block content %}contents{% endblock %}」内に出力されます。

Swigをコンパイルするためのgulpfile.jsへの記述は、リスト7.5のようになっています。

リスト7.5　Swigをコンパイルするための記述（gulpfile.js）

```
var gulp        = require('gulp');
var $           = require('gulp-load-plugins')();
var path        = require('path');
var config      = require('../config');
var browserSync = require('browser-sync');
var reload      = browserSync.reload;

// swig
gulp.task('html', function(){
  // var metadata = require('./src/html_modules/metadata.json');
  var swig = require('swig');
  var srcs = [
    path.join(config.path.src.html, '**/*.html'),
    '!**/src/_html_modules/**/*',
    '!**/src/_templates/**/*',
    '!**/src/_js_views/**/*'
```

```
    ];

    gulp.src(srcs)
      .pipe($.plumber({
        errorHandler: $.notify.onError('<%= error.message %>')
      }))
      .pipe($.swig({
        defaults: {
          cache : false,
          loader: swig.loaders.fs('./src')
        }
      }))
      .pipe(gulp.dest(config.path.dist.html))
      .pipe(reload({stream: true, once: true}))
      .pipe($.notify("Compilation complete."));
});
```

　Node.jsのテンプレート機能を利用すると、SSIで共通機能を管理するよりも柔軟な設計が可能になるので、ぜひ使ってみてください。

7.3 CSS

　今回、CSSプリプロセッサには最もメジャーな「Sass」を採用します。SassにはRubyベースの「Sass」と、C言語で開発された「lib-sass」の2種類が存在します。機能はRubyベースのもののほうが豊富なのですが、コンパイルが遅いので、筆者はlib-sassのほうが好みです。

　lib-sassには機能が少ない以外にも、人気のSassライブラリである「compass」が使えないなどのデメリットがあります。compassはクロスブラウザ対応を強力にサポートしてくれるライブラリなのですが、最も癖のあったブラウザであるInternet Explorer 6/7の対応がほぼ必要なくなった昨今、あまり出番はなくなっています。

　compassの代わりに「autoprefixer」というツールが人気を集めています。これはCSSファイルをパースして自動的にプリフィックスを付与してくれる非常に便利なツールです。動作も軽快なので、オススメです。

「postcss/autoprefixer」
⇒https://github.com/postcss/autoprefixer

　機能面を重視した場合では、以下の「my.scss」というライブラリを筆者はよく利用しています。CSSであまりSassのテクニックを駆使しすぎるとメンテナンスの際に、「一体これは何をやっているのだろう？」と忘れてしまうケースがあるので、筆者はCSSをなるべくシンプルに記述するようにしています。

「ANTON072/my.scss」
⇒https://github.com/ANTON072/my.scss

　これは以下のライブラリをlib-sass用に手直しして、筆者が使いやすいように変更したものです。GitHubにはフォーク機能があるので、気に入ったライブラリを自分用に手直しすることも可能です。

「geckotang/cssnite-lp32」
⇒https://github.com/geckotang/cssnite-lp32

　このライブラリは以下の機能を持っています。

- メディアクエリをネストして記述できるmixin
- px指定とrem指定を自動で併記してくれるmixin
- エレメントを上下左右センターに配置してくれるmixin
- a要素の下線の有無を簡単にコントロールしてくれるmixin
- マージンクラスを自動で生成してくれるmixin

　特にメディアクエリをネストして記述できるmixinはレスポンシブサイト作成時に非常に役に立つでしょう。ぜひお試しください。

7.3.1　CSS設計

　CSSはプログラミング言語ではないので、非常に破綻しやすいです。みなさんも同じCSSを何度も書いてしまったけど、もうできてしまっているので後戻りできない！という状況に陥ってしまったことは経験があるでしょう。Sassなど便利なツールはあ

るのですが、抜本的な解決にはなっていません。現状で考えられる解決方法は「CSSの設計手法」ではないかと筆者は考えます。

例えばボタンの作成を例にしてみます。

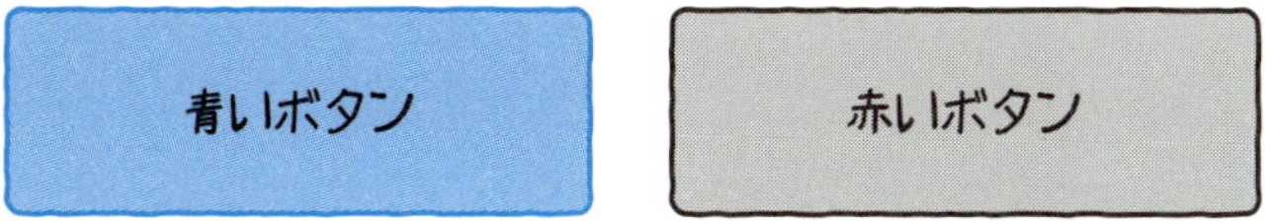

図7.3 このようなボタンをCSSで記述してみる

まずメンテナビリティが非常に低いダメな例です。

リスト7.6 メンテナビリティの低いCSSの書き方

```
.btn-blue {
    display: inline-block;
    width: 30px;
    padding: 5px;
    text-align: center;
    color: #FFF;
    background: blue;
}

.btn-red {
    display: inline-block;
    width: 30px;
    padding: 5px;
    text-align: center;
    color: #FFF;
    background: red;
}
```

.btn-blueと.btn-redに同じソースコードが記述されてしまっています。これでは、ボタンのカタチをまとめて変更できません。以下のように設計すると、メンテナンス性が高まります。

リスト7.7　メンテナンス性を高めたCSSの記述

```
.csl-btn {
    display: inline-block;
    width: 30px;
    padding: 5px;
    text-align: center;
    &.is-small {
        font-size: 10px;
        width: 20px;
        padding: 3px;
    }
    &.is-large {
        width: 50px;
    }
    &.is-red {
        color: #FFF;
        background: red;
    }
    &.is-blue {
        color: #FFF;
        background: blue;
    }
}
```

HTMLは以下のようになります。

リスト7.8　青いボタンと赤いボタンを表示する

```
<a href="#" class="csl-btn is-large is-blue">青いボタン</a>
<a href="#" class="csl-btn is-large is-red">赤いボタン</a>
```

HTMLに状態を表すクラスを追加することでクラス名で見た目（カタチ）をコントロールすることが可能です。特にボタンの状態はJavaScriptから操作することが多いと思います。クラスの付け替えのみで見た目を変更できるので、JavaScript側から見ても扱いやすいです。

このように複数のクラス付与することを「マルチクラス」と呼びます。
もうひとつ、以下のようなブロック構成のスタイルを検討してみましょう。

図7.4　このようなブロック構成スタイルのCSS記述を考える

まず、あまり良くない例からご紹介します。

リスト7.9　あまり良くないブロック構成の記述（HTML）

```
<div class="pic-block">
    <div class="pic"><img src="/img/pic.jpg" alt=""></div>
    <div class="text">
        <h2>見出し</h2>
        <p>テキストテキストテキストテキストテキストテキストテキスト⇒
テキストテキストテキストテキストテキストテキストテキストテキストテキス⇒
ト</p>
    </div>
</div>
```

リスト7.10　あまり良くないブロック構成の記述（CSS）

```
.pic-block {
    display: table;
    width: 300px;
    .pic {
        display: table-cell;
        width: 50%;
    }
    .text {
        display: table-cell;
        width: 50%;
```

続く→

```
    }
    h2 {
        color: red;
    }
}
```

　まず「.pic-block」という名前が良くありません。これでは左側のカラムには写真しか載せることができません。ひょっとしたら、他のページでは左側にもテキストを載せるかもしれません。あまり機能を限定する名称をクラスにつけるのは、良い命名方法とはいえません（もちろん、明らかに意図した機能以外には使わない場合はOKです）。

　また、「.pic-block」の子孫セレクタにh2を指定しているのも好ましくありません。もし、.text内でh2を使いたい場合もタイトルとしてのh2のスタイルが効いてしまって、都度リセットが必要になってしまいます。このような、タグに頼るマークアップはあまりおすすめしません。なるべくクラスを付与しましょう。

　以下のように改善してみましょう。

リスト7.11　命名規則を改善したブロック構成の記述（CSS）

```
.csl-block1 {
    display: table;
    width: 300px;
    &__el {
        display: table-cell;
        width: 50%;
        &.is-pic {
            > img {
                width: 100%;
                height: auto;
            }
        }
    }
    &__title {
        color: red;
    }
```

```
}
```

HTMLは以下のとおりです。

リスト7.12　命名規則を改善したブロック構成の記述（HTML）

```
<div class="csl-block1">
    <div class="csl-block1__el is-pic"><img src="/img/pic.jpg" alt=""> ⇒
</div>
    <div class="csl-block1__el">
        <h2 class="csl-block1__title">見出し</h2>
        <p>テキストテキストテキストテキストテキストテキストテキストテキストテキスト ⇒
テキストテキストテキストテキストテキストテキストテキストテキストテキストテキス ⇒
ト</p>
    </div>
</div>
```

HTMLの記述は冗長になりますが、CSS側の設計はタグの依存関係が解消され強固になりました。

筆者がよく使うクラス名の命名規則は、以下のとおりです。

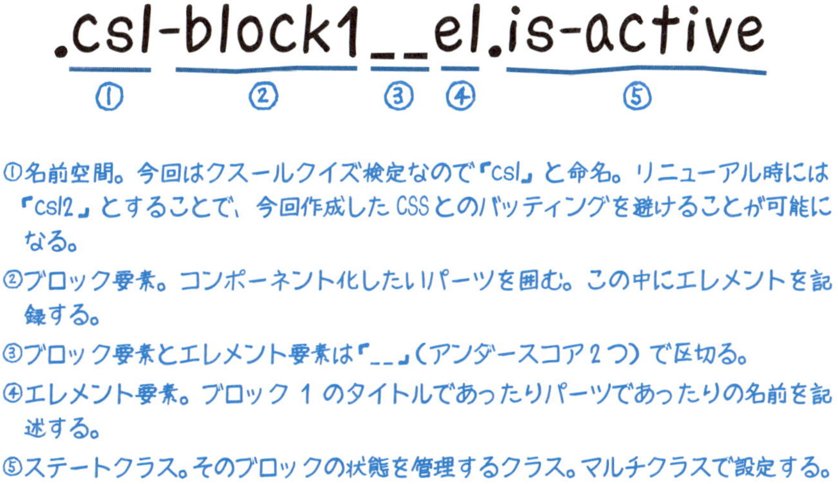

.csl-block1__el.is-active
　①　　　②　　③ ④　　⑤

①名前空間。今回はクスールクイズ検定なので『csl』と命名。リニューアル時には『csl2』とすることで、今回作成したCSSとのバッティングを避けることが可能になる。
②ブロック要素。コンポーネント化したいパーツを囲む。この中にエレメントを記録する。
③ブロック要素とエレメント要素は『__』（アンダースコア2つ）で区切る。
④エレメント要素。ブロック1のタイトルであったりパーツであったりの名前を記述する。
⑤ステートクラス。そのブロックの状態を管理するクラス。マルチクラスで設定する。

図7.5　筆者がよく使う命名規則

クラス名称は極力意味のないものにしています。例えば、about-hogeのようにしてしまうと、about以外の個所に使用したい場合、名称に違和感が出てしまうからです。block1、block2、……と汎用性のある名前にしたほうが、後々あらゆる場所で使いまわせるメリットがあります。また、こうした命名規則なら、クラスの命名に悩まなくて済みます。クラスの命名に時間を取られるくらいなら、少しでも開発を進めたほうがいいですよね。

ただし、この命名規則のデメリットとして、ここはblock何番を使えばいいのだろうと、混乱することが挙げられます。これの解決には、「スタイルガイド」[*2]を利用するといいでしょう。

7.3.2 スタイルガイド

よく使われるスタイルガイドは何種類かありますが、今回は「kss-node」を採用しました。元々はRubyのアプリケーションですが、それをNode.jsでクローンしたツールです。Rubyの実行はWindows環境でトラブルになることが筆者の経験上多いので、なるべくNode.jsで完結する環境を構築するようにしています。

「kss-node/kss-node」
⇒https://github.com/kss-node/kss-node

node-kssは以下のような動作をします。まずはSCSSファイルに以下のように設定を記述します。

リスト7.13　node-kssを利用する設定（SCSS）

```
// Form
//
// Styleguide 1


// .csl-input-text
//
// Markup:
// <div class="csl-input-text {{modifier_class}}">
//     <input type="email" name="email" id="email" placeholder="メールアドレス">
//     <i class="csl-ico csl-ico-mail"></i>
```

[*2] CSSのスタイルガイドとは、そのアプリやWebサイトで使用しているスタイルの一覧やコーディング規約をドキュメント化したものをさす。

```
// </div>
//
// csl-input-text.is-error - エラー
//
// Styleguide 1.1

.csl-input-text {
    position: relative;
    background: #e5e5e5;
    border: 0.2rem solid #FFFFFF;
    margin: -0.2rem;
    &.is-error {
        border: 0.2rem solid #CC0000;
    }
    > input {
        background: transparent;
        border: 0;
        font-size: 1.5rem;
        padding: 0.5rem 0.5rem 0.5rem 3.5rem;
        width: 100%;
        outline: none;
    }
    > i {
        font-size: 2rem;
        position: absolute;
        top: .5rem;
        left: 1rem;
    }
}
```

　gulpのスタイルガイドタスクを実行すると、このコメントの記述を基にスタイルガイドが生成されます。

図7.6 スタイルガイドの生成

スタイルガイドを生成するgulpタスクは以下のようになります。

リスト7.14 スタイルガイドを生成するgulpタスク（JavaScript）

```javascript
var gulp = require('gulp');
var $ = require('gulp-load-plugins')();

gulp.task('styleguide', $.shell.task([
    'kss-node <%= source %> <%= destination %> --template <%= template %>'
], {
    templateData: {
        source:      './src/assets/styles',
        destination: './public/styleguide',
        template:    './cshool_styleguide_template'
    }
}));
```

スタイルガイドを作っておけば、後からプロジェクトに参加したメンバーにもCSSのコーディングルールがわかりやすく、重複したスタイルを記述することがほぼなくなって、開発効率も向上するでしょう。

7.4 JavaScript

　WebアプリにおけるJavaScriptの設計で一番重要なことは、ソースコードの見通しの良さであると筆者は考えます。JavaScriptは型がない、引数の数は決まっていなくていい、数値でも文字列でもよしなに制御してくれる、など非常に自由な言語で、記述の方法も個人のクセが強く出ます。そのため、チームで開発する場合は事前にルールを決めておくといいでしょう。

7.4.1 ルール設定に用いるツール

　ルール設定には「jshint」などの構文チェックツールを使うといいでしょう。このツールは、タブのインデントをどうするのか？ など細かい設定まで可能です。

　リスト7.15は、jshintの設定ファイルの例です。

リスト7.15　jshintの設定ファイル例（JSON）

```
{
    "camelcase"    : true, // すべての変数にキャメルケースを強要する
    "eqeqeq"       : true  // == の禁止
}
```

　また、JavaScriptにはクラスがないので、オブジェクト指向プログラミング的な設計をする場合も事前に設計方法をメンバーで話合ったほうがいいでしょう。CoffeeScriptなどを利用すると、記述方法が統一されていいのですが、構文が特殊なため、使用できるメンバーが限られてしまいます。最近はECMAScript 6の形式で記述されたJavaScriptをECMAScript 5形式に変換してくれる「BABEL」などのアプリも存在します。そのアプリの将来を考えてツールの採用を検討しましょう。

　もし、アプリの規模が大きくなることが想定される場合はフレームワークの導入も検討してもいいかもしれません。フレームワークを導入すれば、自然とコードスタイルもフレームワークに沿ったものになるため、設計で悩むことが少なくなります。反面、規模が小さいのにフレームワークを導入してしまって、ただ単純に面倒になっただけ、というケースも多々あるので導入は慎重に検討しましょう。有名なJavaScriptフレームワークは以下のとおりです。

「Backbone.js」
⇒http://backbonejs.org/

「AngularJS — Superheroic JavaScript MVW Framework」
⇒https://angularjs.org/

「Knockout : Home」
⇒http://knockoutjs.com/

「vue.js」
⇒http://vuejs.org/

「A JavaScript library for building user interfaces | React」
⇒https://facebook.github.io/react/

7.4.2 Browserify

　「Browserify」を利用するとNode.js同様、CommonJS（後掲のコラム「CommonJSとは」参照）の記述方法でクライアントサイドのJavaScriptを書くことができます。簡単なソースで実例をご紹介いたします。

「Browserify」
⇒http://browserify.org/

リスト7.16　app.js

```
var util = require('./utils');
util.addComma(1000); // 1,000
```

リスト7.17　utils.js

```
// 3桁ごとにカンマをつける
module.exports.addComma = function (aNum) {
    var num = (aNum + '').replace( /^(-?\d+)(\d{3})/, "$1,$2" );
    if(num !== aNum) {
        return arguments.callee(num);
```

```
    }
    return num;
};
```

gulpでBrowserifyタスクを実行すると、1枚のJavaScriptファイルとして出力されます。

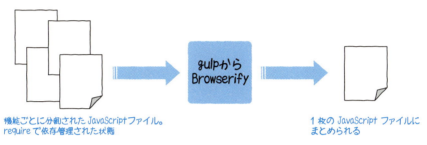

図7.7　BrowserifyによるJavaScriptファイルの生成

通常のクライアントサイドのJavaScriptで使うことができないrequireがBrowserify（gulp-browserify）を通してコンパイルされると、上手い具合に補完されてWebブラウザでも問題なく実行されるようになっています。このようなモジュールシステムは開発規模が大きくなればなるほど便利です。

他に筆者がBrowserifyで気に入っているところは、静的な外部JSONファイルをオブジェクトで読み込んでくれるところです。

以下のようにAPIのエンドポイントを管理するJSONファイルがあったとします。

リスト7.18　APIのエンドポイントを管理するJSONファイル（setup.json）

```
// APIを管理するJSONファイル
{
    "api": {
        "login": "http://cshool.com/login/",
        "search": "http://cshool.com/search/"
    }
}
```

BrowserifyではJSONファイルをAjax通信なしで読み込むことができます。

リスト7.19　JSONファイルの読み込み

```
var setup = require('./setup.json');
```

Browserifyはプラグインも豊富です。よく使うものをいくつか例に挙げます。

- **watchify**……差分を監視してビルドする。
- **jstify**……Underscore.jsのテンプレートをプレビルドする。
- **babelify**……ES6で書いたスクリプトをES5の形式に変換してくれるツール。

他にも便利なものが豊富にあるのでBrowserifyの処理で困ったときは、まずGitHubで探してみるといいでしょう。

COLUMN

CommonJSとは

　フレームワークではなく、JavaScriptでアプリケーションを作るための仕様。Node.jsは標準でCommonJSの記述方法でスクリプトを書くことができますが、ブラウザではBrowserifyなどの変換ツール（トランスパイラ）が必要です。

7.5 APIとの連携

JavaScripからAPIを叩いて検定問題を表示し、結果判定するまでのスクリプトを解説します。画面の遷移は図7.8のようになります。なお、主にJavaScriptの流れの説明となるため、HTMLとCSSは簡略化します。

①クイズ画面

②クイズ結果

図7.8　画面遷移

7.5.1 ディレクトリ構成

今回は非常に小さい構成なので、gulpなどのタスクランナーは使用せずにBrowserifyのみを簡単にビルドできる構成にしました。ディレクトリ構成は図7.9の通りです。

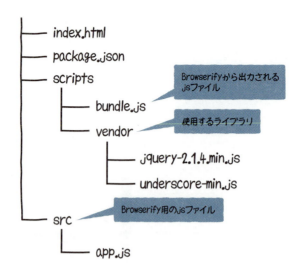

図7.9　ディレクトリ構成

package.jsonの中はリスト7.20のようになっています。

リスト7.20　package.json

```
{
    "devDependencies": {
        "browser-sync": "^2.7.10",
        "browserify": "^10.2.4",
        "watchify": "^3.2.2"
    },
    "scripts": {
        "build": "browserify src/app.js > scripts/bundle.js",
        "js": "watchify src/app.js -d -o scripts/bundle.js -v",
        "serve": "browser-sync start --server --files 'scripts/**/*'",
        "start": "npm run js & npm run serve"
    }
}
```

package.jsonと同じ階層で「npm install」を実行すると、以下の3つのNodeモジュ

ールをインストールします。

- **browser-sync**……ローカルサーバー
- **browserify**……JavaScriptのビルド
- **watchify**……JavaScriptのファイル監視

インストール後に同階層で「npm run start」を実行するとBrowserSyncが起動し、自動でWebブラウザがhttp://localhost:3000のURLで立ち上がります。index.htmlはリスト7.21のように設定してあります。

リスト7.21　index.html

```html
<!DOCTYPE html>
<html lang="ja">
<head>
    <meta charset="UTF-8">
    <title>Document</title>
</head>
<body>
<p id="js_result"></p>
<div id="js_quiz" class="csl-quiz"></div>

<script id="tpl_quiz" type="text/x-template">
    <div class="csl-quiz__title">
        <span class="csl-quiz__title__num">Q<%- num %></span><%- q %>
    </div>
    <ul class="csl-quiz__contents">
        <% for(var i = 0; i < select.length; i++){ %>
        <li class="csl-quiz__contents__li js-select" data-qid="<%- _id %>">
            <span><%- labels[i] %></span><pre>
<%- select[i] %>
</pre>
        </li>
        <% } %>
    </ul>
```

続く→

```
</script>

<script id="tpl_result" type="text/x-template">
<p>あなたの結果は・・・</p>
<ul>
    <li>正解　：<%- success %>問</li>
    <li>不正解:<%- fail %>問</li>
</ul>
</script>

<script src="scripts/vendor/jquery-2.1.4.min.js"></script>
<script src="scripts/vendor/underscore-min.js"></script>
<script src="scripts/bundle.js"></script>
</body>
</html>
```

クイズの個所はJavaScriptから動的にレンダリングするので、テンプレート化してあります。

7.5.2　JavaScriptの実装

　ここで紹介するのは小さなスクリプトですが、前述したBrowserifyを利用した手法でスクリプトを作っていきましょう。「npm run start」を実行するとwatchifyが起動するのでsrcディレクトリのjsファイルを更新するたびにscripts/bundle.jsが自動生成されます。

　package.jsonに「watchify src/app.js -d -o scripts/bundle.js –v」という命令が記述してあります。app.jsをベースポイントにしてスクリプト構成を作成する必要があります。まずはapiの疎通チェックをしたいので、リスト7.22のスクリプトをapp.jsに記述してテストしてみましょう。

リスト7.22　app.js

```js
var api = {
    getIssue: 'http://hogehoge/getIssue',
    getDetail: 'http://hogehoge/getDetail'
};


$.ajax({
    url: api.getIssue,
    type: 'GET',
    dataType: 'json',
    data: {category: 'js'}
})
.done(function(result) {
    console.log(result);
    console.log("success");
})
.fail(function() {
    console.log("error");
})
.always(function() {
    console.log("complete");
});

$.ajax({
    url: api.getDetail,
    type: 'GET',
    dataType: 'json',
    data: {no: '5577ddd6e4a9c5672373937e'}
})
.done(function(result) {
    console.log(result);
    console.log("success");
})
.fail(function() {
```

続く→

```
    console.log("error");
})
.always(function() {
    console.log("complete");
});
```

　Chromeのデベロッパーツールでログを確認すると、正しく通信ができているのがわかります。

図7.10　Chromeのデベロッパーツールでログを確認

　このままプログラミングを進めてもいいのですが、スケールしても問題ないように構造化してみましょう。ファイルを分割します。
　リスト7.23では、APIのエンドポイントのみを記述します。

リスト7.23　src/setup.json

```
{
    "api": {
        "getIssue": "http://hogehoge/getIssue",
        "getDetail": "http://hogehoge/getDetail"
    }
}
```

リスト7.24では、通信処理をまとめます。

リスト7.24　src/common/model.js

```
var setup = require('../setup.json');

var _get = function(apiname, param) {
    var defer = new $.Deferred();
    $.ajax({
        url: apiname,
        type: 'GET',
        dataType: 'json',
        data: param,
    })
    .then(function(result){
        defer.resolve(result);
    }, function(err){
        // エラー処理
        defer.reject(err);
    });
    return defer.promise();
};

_(setup.api).each(function(apiname, key){
    exports[key] = function(param) {
        return _get(apiname, param);
```

続く→

```
        };
    });
```

こうすることで、以下のように簡単にAPIにアクセスすることができます。

リスト7.25　APIにアクセスする（src/app.js）
```
var model = require('./common/model');

model
    .getIssue({category: 'js'})
    .then(function(result){
        console.log(result);
    },function(err){
        console.error(err);
    });
```

　通信処理、ビュー処理のように処理によってソースコードをファイルにまとめておくと、見通しが良くなってプログラムが肥大化してもスケールしやすいソースコードになります。モデル（API）の構成例は以下のようになっています。

- **model.getIssue**……すべての問題を配列で返す。
- **model.getDetail**……「model.getIssue」のidを渡すと答えを返す。

プログラムの流れは以下のとおりです。

①**model.getIssueで手に入ったすべての問題をメモリ上に保存する。**
②**問題をHTMLにレンダリングする。**
③**ユーザーが回答をクリックするとmodel.getDetailで正誤判定する。**
④**次の問題へ進む。**

src以下のJavaScriptファイル構成は図7.11のようにしてみました。

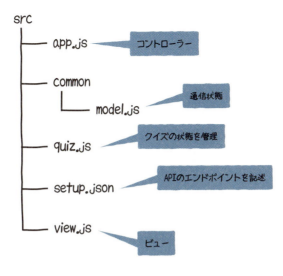

図7.11　src以下のJavaScriptファイル構成

プログラムの基点になるapp.jsは以下のとおりです。

リスト7.26　app.js

```javascript
var model = require('./common/model');
var quiz  = require('./quiz');
var view  = require('./view');

var delayTime = 1000;
var delayTimer;

var quizStart = function(result) {
    quiz.setup(result.question);
    view.bind('select', quiz.answer);
    view.render(quiz.getQuiz());
};

quiz.on('on_answered', function(ret){
    view.renderResult(ret);
```

続く→

```
    clearTimeout(delayTimer);
    delayTimer = setTimeout(function(){
        view.render(quiz.getQuiz());
    }, delayTime);
});

model
    .getIssue({category: 'js'})
    .then(function(result){
        quizStart(result);
    },function(err){
        console.error(err);
    });
```

　model.getIssueですべてのクイズをgetしてquizモジュールに保存し、受け取った値をビューに渡してレンダリングしています。モデルとビューは疎結合にして、app.js上でやり取りを行います。

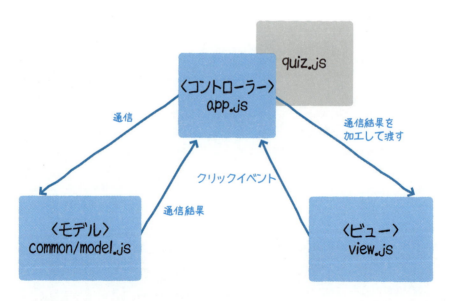

図7.12　JavaScriptアプリケーション構成図

model.jsから受け取ったデータをquiz.jsで保存・加工して、view.jsに渡します。

リスト7.27　quiz.js

```js
var model        = require('./common/model');
var EventEmitter = require('events').EventEmitter;

var quiz    = [];  // クイズを保存
var results = [];  // 結果を保存
var index   = -1;  // インデックス
var labels  = ['A', 'B', 'C', 'D'];

var ev = new EventEmitter();

// 結果を登録
var _registerResult = function(result) {
    if (!_.isBoolean(result)) {
        console.error('結果はBooleanで登録しましょう');
        return;
    }
    results.push(result);
};

module.exports.getResults = function() {
    return results;
};

module.exports.setup = function(arr) {
    quiz = arr;
};

module.exports.getQuiz = function() {
    index++;
    if (index < quiz.length) {
        var o = quiz[index];
```

続く→

```
        o.category = 'question';
        o.num = (index + '').length > 1 ? (index + 1) : '0' + (index + 1);
        o.labels = labels;
        return o;
    }
    else {
        return {
            category: 'result',
            success : _(results).filter(function(r){ return r === true; })⇒
.length,
            fail    : _(results).filter(function(r){ return r === false; })⇒
.length
        };
    }
};

module.exports.answer = function(index, qid) {
    model
        .getDetail({no: qid})
        .then(function(result){
            var ans   = result. question.ans;
            var myAns = index + 1 + '';
            var ret   = (myAns === ans);
            _registerResult( ret );
            ev.emit('on_answered', ret);
        }, function(err){
            console.error(err);
    });
};

module.exports.on = function(key, callback) {
    ev.on(key, callback);
};
```

処理結果はNode.jsのEventEmitterモジュールを利用しています。Browserifyの便利なところはこういった、ブラウザのJavaScriptには存在しないNode.jsの資産も一部使えることです。Node.jsについて詳しくなると、フロント側の業務にも役立てることができます。

view.jsは単純に要素をレンダリングするだけです。

リスト7.28　view.js

```
var $quiz     = $('#js_quiz');
var $result   = $('#js_result');
var tplQuiz   = _.template( $('#tpl_quiz').html() );
var tplResult = _.template( $('#tpl_result').html() );
var select    = '.js-select';
var isWait    = false;

var _quiz = function(obj) {
    $result.empty();
    $quiz.empty().html( tplQuiz(obj) );
    isWait = false;
};

var _result = function(obj) {
    $result.empty();
    $quiz.empty().html( tplResult(obj) );
};

module.exports.renderResult = function(result) {
  var str = result ? '正解!' : '不正解!';
  $result.html(str);
};

module.exports.render = function(obj) {
    if (obj.category === 'question') {
        _quiz(obj);
    }
```

続く→

```
        else if (obj.category === 'result') {
            _result(obj);
        }
    };

    module.exports.bind = function(event, handler) {
        if (event === 'select') {
            $quiz.on('click', select, function(){
                if (isWait) return;
                isWait = true;
                handler( $(this).index(), $(this).data('qid') );
            });
        }
    };
```

　view.js内のクリック箇所は、「handler($(this).index(), $(this).data('qid'));」としてview.js内部に処理のロジックを書かないようにしているため、view.jsに機能が集中することがありません。またUnderscore.jsのテンプレート機能を利用しているため、JavaScriptファイルにHTMLの構造を持たなくて済みます。マークアップエンジニアとの分業も非常にしやすいです。

　各モジュールが機能ごとに分散しているので拡張しやすい構成になっています。

第 8 章

運用管理

8.1 運用管理の対象はアプリだけではない

Webアプリは開発して終わり、ではありません。リリース後からは期待通りに稼働し続けられるよう、適切に「運用管理」をしていくことが重要です。ひとくちに運用管理といってもWebアプリだけを考えればいいわけではなく、Webアプリの土台として動作するために構成されているWebサーバーやデータベースをはじめとするミドルウェア、それらを構築するサーバーOS、ネットワーク、ハードウェアまで、それぞれに運用管理があります。それらのすべてが構築時に想定した通り、停止することがないように維持管理をしていくことが必要です。

本章ではWebアプリと関連するソフトウェアやハードウェアをひとまとまりのシステムとして総合的に運用するための考え方や技術について説明します。

8.2 システムの監視

サービスを最適な状態で継続的に運用するためには、稼働状況の定期的な「監視」が欠かせません。Webアプリを運用していると、負荷が上がってサイトがダウンしたり、サーバーが故障したりしてWebアプリのサービス提供が停止してしまう「障害」が起きることは避けられません。完全になくすことは難しいので、むしろ障害が発生した際に迅速に気付くことができるような仕組み作りをすることが大切です。基本的な対策としては、監視ツールを使用してシステムの稼働状況を自動的に監視するのがいいでしょう。正しくシステムを監視すれば、障害を未然に防ぐことができます。もし、なんらかの障害が起きてしまったとしても、すぐに気付くことができれば損害の発生を最小限に抑えることができます。

監視項目について具体的には、Webアプリが設置されているサーバーやネットワークがインターネットから通信できているか、サーバーの負荷が高くなりパフォーマンスが下がっていないか、などが挙げられます。本節では代表的な監視手法の種類と自動監視のための監視ツールについて説明します。

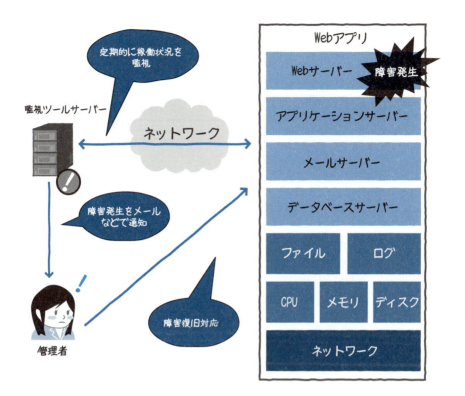

図8.1　ツールによるシステム監視

8.2.1 死活監視

　最も基本的な監視手法のひとつであり、Webアプリを支えるサーバーやネットワークシステムが動作し続けているかどうかを継続的に外部から確認することを「死活監視」または「生存監視」といいます。ネットワークを介して一定間隔で特定のパケット・信号を送るなどの方法によって、応答があるかどうかを自動的に確認する手法が用いられます。

　死活監視では監視対象が動作しているかどうかを主眼にしており、内部的な動作状態までは調べません。通称として「ヘルスチェック」または「ウォッチドッグ」などと呼ばれることがあります。

　監視対象によって、主に2種類の死活監視があります。

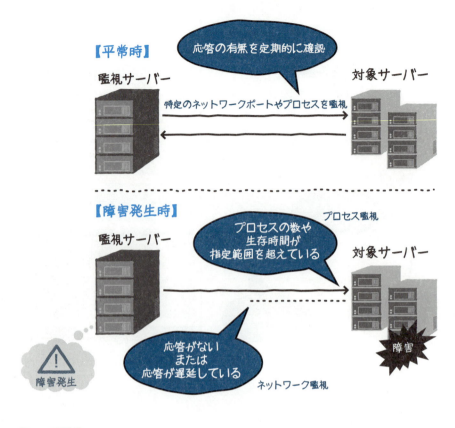

図8.2 死活監視

◉ネットワーク監視

　Pingなどによって通信プロトコルのポートに対して外部からパケットを送り、応答があるかどうかを確認します。一定時間以内に応答がない状態が一定回数以上に達したら、障害として検知します。

◉プロセス監視

　SNMPや監視ツールのエージェントを使い、HTTPやSMTP、MySQLなどのミドルウェアのサービスのプロセスがダウンしていないかどうかを確認します。プロセス数やプロセスの生存時間などが指定値の範囲を超えていないかを定期的に調べ、範囲外の場合には障害として検知します。

8.2.2 リソース監視

死活監視ではネットワークやプロセスが動作しているかどうかだけを監視しているのに対し、サーバー内部の「リソース監視」ではサーバーの処理能力やメモリ使用率、ディスク使用率、ネットワーク通信量などの使用状況を監視します。サーバーやネットワークは当初に想定した以上の負荷がかかるとパフォーマンスが低下し、Webアプリの動作が緩慢になったり、正常に動作しなくなったりします。そうなる前に検知し、メンテナンスやチューニングを行うべきです。

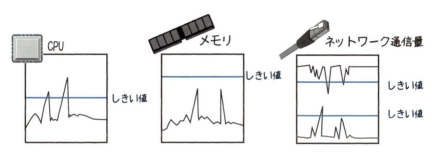

図8.3 リソース監視

8.2.3 不正アクセス監視

死活監視やリソース監視の発展版として「不正アクセス監視」があります。今日のインターネット上で公開されているWebアプリは、悪意を持った第三者やコンピュータウィルスなどのマルウェアから攻撃（＝不正アクセス）される危険にさらされています。攻撃されたことに気付かないまま放置するとサービスがダウンしたり、データが改ざん・盗聴されたりする可能性があります。

外部からの攻撃を監視することでWebアプリやデータを安全に保ち、Webアプリのユーザーに不便や損害を与えないことが重要です。

主な不正アクセス監視手法を2つ紹介します。

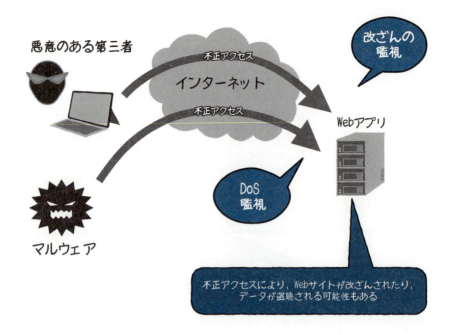

図8.4　不正アクセス監視

●改ざんの監視

　Webアプリのプログラムやデータが改ざん、または破壊されていないかを監視します。Webページに期待通りの文字列が表示されるかなどを監視するのが一般的です。

●DoS監視

　サーバーやネットワークに高負荷をかけてパフォーマンスを低下させたり、システムをダウンさせ、サービスを提供できない状態にしたりする攻撃を「DoS攻撃」といいます。このような特定のネットワークや端末からの連続的な不正アクセスの監視を行い、攻撃を検出したら、該当のネットワークからの接続を遮断するなどの対応が必要です。

8.2.4 監視ツール

前項までに挙げた監視手法は、監視ツールを使用して自動的に監視を行うのが一般的です。監視ツールはWebアプリが動作するサーバーとは別に監視サーバーを用意して、外部から監視します。

●監視ツールのシステム構成

監視ツールは一般的に「監視サーバー」と「監視エージェント」に分かれています。監視サーバーは監視項目の設定や監視データの保存、ユーザーへのアラート通知などの監視全体の取りまとめを行います。監視エージェントは監視対象のサーバーに導入し、監視サーバーへの監視データ送信やアラート通知などの役割を持っています。

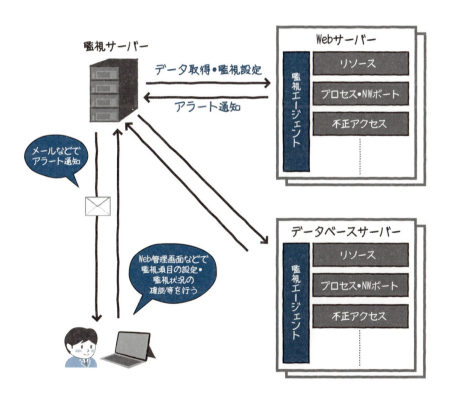

図8.5 監視ツールのシステム構成

◉オープンソースの監視ツール

監視ツールの例として、今回はオープンソースとして公開されているメジャーなものをいくつかご紹介します。

Nagios

「Nagios」
⇒ http://www.nagios.org/

「Nagios」はEthan Galstadを中心として開発されたオープンソース（GNU General Public License、Nagios Open Software License、Nagios Software License）の総合監視ツールです。SNMP・エージェントを使用して死活監視やリソース監視、ログ監視など総合的な監視を行うことができ、システムの異常検知時にはメールなどでユーザーに通知を行う機能があります。Webインターフェースで稼働状況の確認やレポート出力の機能も備えています。

各種の監視機能はプラグインとして独立しており、それらを組み合わせることで監視設定を構築します。標準でも豊富なプラグインが用意されており、さまざまなサービスやリソースの監視に対応しています。また、プラグインの設計は単純で、専用の監視プラグインをさまざまな言語で作成することができます。

図8.6　NagiosのWebページ

Munin

「Munin」
⇒ http://munin-monitoring.org/

「Munin」はPerlで開発されたオープンソース（GNU General Public License）のWebベースの監視ツールです。リソース使用状況推移のグラフ化に優れており、シンプルにグラフを一覧することができるのが特徴です。データ収集とグラフ作成にはRRDToolを使用しています。

とにかくシンプルなため構築や設定が容易で、独自のプラグインも比較的簡単に行うことができるのが特徴です。

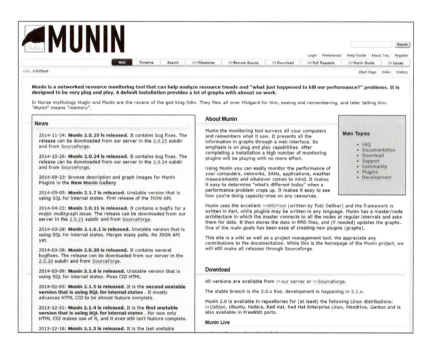

図8.7　MuninのWebページ

Zabbix

「Zabbix」
⇒ http://www.zabbix.com/jp/

「Zabbix」はZabbix SIAによって開発されたオープンソース（GNU General Public License）のWebベースの監視ツールです。多数の監視機能が標準で用意されている高機能で統合的な監視ツールです。

Web管理画面が非常に充実しており、監視データの表示や監視設定、独自のカスタムスクリプト、カスタムレポート、ネットワークマップの作成などをすべてWeb画面で行うことができます。

データの保存にはMySQL、PostgreSQL、Oracleなどの主要なRDBMSに対応しています。

図8.8　ZabbixのWebページ（日本語）

Cacti

「Cacti」
⇒ http://www.cacti.net/

「Cacti」はraXnetが開発しているオープンソース（GNU General Public License）のWebベースの監視ツールです。SNMPを使用してリソース使用状況の収集・グラフ化を行うことができます。

データ収集にはRRDToolを使用し、表示にはApache（または他のWebサーバー）、PHP、MySQLが必要です。機能的にはMuninに似ています。Webから簡単に設定を行えることやグラフの表示を詳細に設定できるのが特徴です。

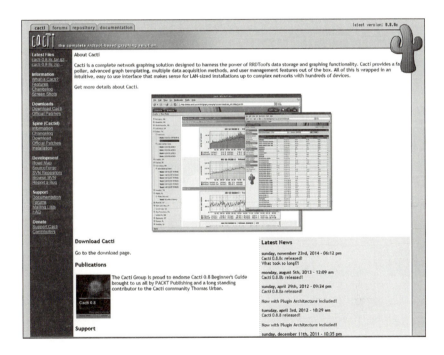

図8.9　CactiのWebページ

8.3 バックアップとリストア

　万一、サーバーが故障して、Webアプリにかかわるすべてのデータが失われてしまったらどうなるでしょうか？　インフラの冗長化などをしてシステム継続性を高めることも重要ですが、万一の障害への備えとして、データの「バックアップ」は非常に重要です。特にデータベースに保存されているデータや、Webアプリのユーザーがアップロードしたドキュメントやメディアなどのファイルがバックアップされていなかった場合、障害によって喪失してしまう危険性があります。もしデータを失えば、サービスに多大なダメージを与えます。企業が運営しているのであれば企業活動にも影響があるでしょう。消えてしまっては困るデータは、定期的にシステムの外部にコピーするようにしましょう。

　また、バックアップするだけではなく、障害が起きた際にバックアップしたデータを元に戻す「リカバリ」や「リストア」も意識して備える必要があります。

　本節ではさまざまなバックアップ方法やそれらの目的、リストア方法について説明します。

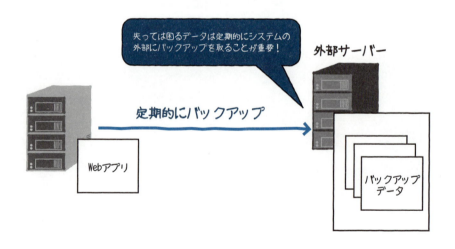

図8.10　バックアップは欠かせない

8.3.1 バックアップの対象データ

　バックアップといっても、無闇にすべてのデータをバックアップしておけばいいわけではありません。システムやサーバー全体をバックアップするとデータ量が非常に大きくなるため、バックアップを作成するのに長時間かかり、保存するのに大容量のストレージが必要になるためコストがかかります。Webアプリにかかわる主要なデータを理解して、バックアップ対象を適切に選定しましょう。

　以下に代表的なバックアップ対象のデータを紹介します。

◉データベースのデータ

　よほど単純なWebアプリではない限り、ほとんどのWebアプリはデータベースを使用していると思います。Webアプリの仕組みの根源であるソースコードとデータベースのデータは一蓮托生で、2つが組み合わさって初めてWebアプリとして動作できます。データベースに保存されるのは日々更新されるデータですので、日次や週次など頻繁にバックアップを行うのがいいでしょう。

◉コンテンツファイル（画像やドキュメントなど）

　アプリのユーザーによってアップロードまたは生成されたメディア、ドキュメントなどのファイルは多くの場合、データベースに紐付いてサーバーのファイルシステムに保存されます。データベースのデータだけが復旧できても参照先のファイルが失われてしまうと、Webアプリは正しく動作できません。例えば、ユーザーが画像を投稿するようなWebアプリの場合は、データベースのレコードにファイルシステム上の画像ファイルが紐付いていることが多いでしょう。これらを完全なデータセットとしてバックアップを行う必要があります。これらも日々更新されるデータですので、日次や週次など頻繁にバックアップを行うのがいいでしょう。

◉各種のログファイル

　Webアプリが動作すると、さまざまなソフトウェアからログが出力・保存されます。これらのデータは不具合や障害が発生した際に原因特定の材料にしたり、マーケティング用のデータとしてアクセス解析を行ったりとさまざまな活用方法があります。データベースやファイル、ソースコードよりも後回しにされがちですが、これらもきちんとバックアップを取るべきデータのひとつです。

●システムファイル

　システムファイルは、サーバー構築時に設定されるミドルウェアやOSなどのサーバーのローカルディスクにあるソフトウェア自体や設定ファイルなどをさします。日々更新されるアプリケーションのデータと違い、頻繁な更新は発生しないため毎日のバックアップを行う必要はありませんが、サーバーに障害が発生してしまってすべてが消えてしまった場合、サーバー環境の再構築を行う際に必要になります。設計書や手順書を作成していれば、その通りに作り直せば事足りるかもしれませんが、その場合には元に戻すために、Webアプリに必要なWebサーバーやデータベースサーバーなどのミドルウェアやOSの設定をすべてやり直す必要があるため、長い時間と手間暇が必要です。これらのシステムファイルをバックアップしておくことで、いざというときに迅速に再構築を行うことができます。

8.3.2　バックアップ方法の種類

　では、実際にバックアップを行う代表的な方法を紹介します。

●フルバックアップ

　「フルバックアップ」は最も単純なバックアップ方法です。前回のバックアップからの変更の有無にかかわらず対象データをすべてコピーして別の場所に保存します。「完全バックアップ」ともいいます。単純なので、専用のバックアップツールを使用しなくてもOSのファイルコピー機能を使用して行うこともできます。完全なデータのコピーを作成するため、リストアがしやすいことがメリットです。

　一方で、対象データのファイル数やデータ容量が多大な場合はバックアップやリストアに長時間を要することと、バックアップの保存先に大容量のストレージを用意する必要があるという点がデメリットとして挙げられます。

　Webアプリが小規模なうちはフルバックアップのみでも問題ないかもしれませんが、扱うデータ量が増えてきた場合は後述の増分バックアップや差分バックアップを組み合わせて運用する必要があるでしょう。

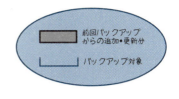

1回目　データ

2回目　データ

3回目　データ

毎回、すべてのデータをバックアップ

図8.11　フルバックアップ

●増分バックアップ

「増分バックアップ」は効率的に複数のバックアップを取っておくためのバックアップ方法です。前回のバックアップから変更のあった部分（増えた部分）のデータだけをコピーします。最初のバックアップはフルバックアップを行い、2回目以降は変更されたファイルだけのバックアップを行います。コピーするデータは最小限で済むため、バックアップにかかる時間が短く、バックアップの保存先のストレージ容量を節約することができます。

この方法のデメリットとしては、リストアのしづらさが挙げられます。バックアップを取得したある時点の状態に完全にリストアしたい場合は、最後のフルバックアップに対してそれ以降の増分バックアップを正しい順序でリストアしていく必要があります。これらのバックアップファイルが1つでも破損してしまうとリストアが不完全になります。

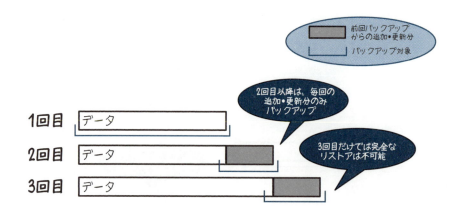

図8.12 増分バックアップ

◉差分バックアップ

「差分バックアップ」は増分バックアップと似たバックアップ方法です。最後のフルバックアップから変更のあったデータを毎回コピーします。ある時点の状態にリストアするには最後のフルバックアップと1つの差分バックアップデータがあればいいため、増分バックアップよりもリストアのしやすいことがメリットです。

この方法のデメリットとしては、最後のフルバックアップから期間が空くにつれて差分が増えることで、バックアップのデータ容量と所要時間が増える点です。

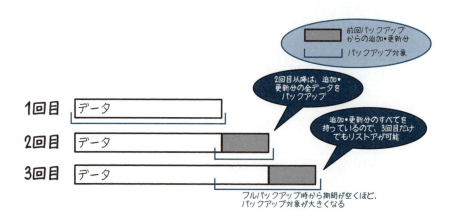

図8.13 差分バックアップ

8.3.3 バックアップの単位

続いて、バックアップの単位について、紹介します。

●ファイルバックアップ

　ファイルやフォルダの単位でバックアップを行うことを「ファイルバックアップ」といいます。OSのファイルシステム操作だけで行えるため、手動またはバックアップスクリプトやWebアプリのバックアップ機能を使用して、バックアップすることも可能です。

　頻繁にバックアップを行う必要がある場合、例えばデータベースのデータや画像などのメディアを個別にバックアップする際には、ファイルバックアップで行うのがいいでしょう。

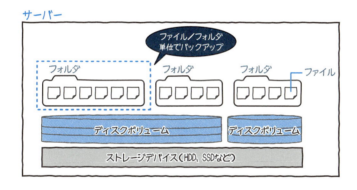

図8.14　ファイル単位のバックアップ

●イメージバックアップ

　ディスクまたはボリューム、パーティション（以降、「ボリューム」）の全体を対象にしてバックアップを行うことを「イメージバックアップ」といいます。主には、OSのディスク操作ツールを使用して行います。バックアップ取得時点でのボリューム全体をコピーし、イメージファイルとして保存します。完全なディスクイメージが保存されるため、前述のファイルバックアップよりもリストアが容易であることが特徴です。

　一方で、すべての保存先には大容量のストレージを用意する必要があることが、デメリットとして挙げられます。このため、OSのブートディスクなど容量が小さく、重

要なデータや設定ファイルの入っているディスクをバックアップする際には、イメージバックアップを行うのがいいでしょう。

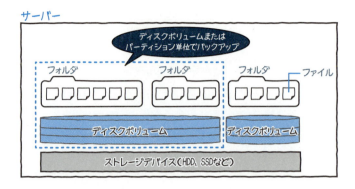

図8.15　イメージ単位のバックアップ

8.3.4　バックアップの保存先

続いて、バックアップを保存する場所について、解説します。

◉外部デバイスへのバックアップ（ローカルバックアップ）

　サーバーに内蔵または接続されたハードディスクやテープ装置などの外部デバイスへバックアップすることを、「ローカルバックアップ」といいます。直付けされているため転送速度が早く、大量のバックアップデータを保存するのに向いています。
　ただし、サーバーの設置場所に災害が起きるなど、物理的な破損が起きた場合には外部デバイスも同時に破損する可能性があることや、そのサーバーからしかバックアップデータにアクセスできないなどのデメリットがあるため、次に解説するリモートバックアップを併用するのがいいでしょう。

◉外部サーバーへのバックアップ（リモートバックアップ）

　ネットワーク経由で外部のサーバーへバックアップすることを「リモートバックアップ」といいます。外部のサーバーなので、前述のローカルバックアップとはメリットとデメリットが逆転します。すなわち、物理的な破損には強いですが、ネットワーク経由のために転送速度はローカルバックアップに比べて劣ります。

先にも述べた通り、ローカルバックアップとリモートバックアップを併用するのがいいでしょう。具体的には、後掲する図8.16のようにすれば、それぞれの特長を生かすことができます。

◉バックアップの保存先の使い分けについて

図8.16を例に挙げて、ローカルバックアップとリモートバックアップの使い分けについて説明します。

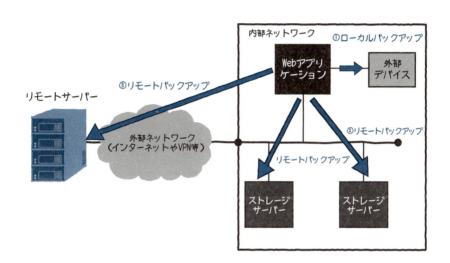

図8.16　ローカルバックアップとリモートバックアップを併用する

①サーバーに接続された外部デバイスへのローカルバックアップ

ローカルバックアップには、イメージバックアップなどの大容量データや、日次・週次で行うような日常的なバックアップの保存先に指定するのがいいでしょう。ネットワークを介さないため、大きなデータを送信するのに向いています。

②同じネットワーク内の別のサーバーへのリモートバックアップ

用途としては①のローカルバックアップと近しいですが、同じネットワーク内でも別のサーバーであるため、物理的に故障した場合などに復旧が容易になります。バックアップ元のサーバーと同じ構成のサーバーを用意してバックアップ先としておけば、障害が発生した際にバックアップ先に新たな環境を構築して、故障したサーバーの修理を待たずにサービスを再開することも可能です。

同じネットワーク内にバックアップ用のサーバーを用意できるのであれば、積

極的に利用しましょう。ローカルバックアップで保存したバックアップデータの二次的な保存先として指定するのもいいでしょう。

③インターネットやVPNなどを経由した外部ネットワークへのリモートバックアップ

　物理的に遠隔地にある外部ネットワークにバックアップのデータを置くことで、②の同じネットワーク内でのリモートバックアップのメリットに加えて、物理的に別の場所にあることからデータ喪失の可能性をさらに下げることができます。地震などの災害時にデータを失わないための対策（ディザスタリカバリ）の観点として重要です。

　ただし、遠隔地にネットワーク経由でデータを送るため、通信速度は遅くなります。そのため、大容量データのバックアップには向きません。バックアップの対象データを厳選し、バックアップの間隔を長めにして行うのが一般的です。例えば、日常的なローカルバックアップは毎日、外部ネットワークへのリモートバックアップは月に1回行う、などがいいでしょう。

　これらの3種類は、それぞれバックアップ対象データの容量や頻度で使い分けるのがいいでしょう。また、どれか1つだけではなく組み合わせて複合的に行うことで、データを喪失してしまう可能性を下げることができます。コストとの兼ね合いにはなりますが、複数のバックアップの保存先を確保することをおすすめします。

COLUMN
バックアップとリストアは一緒に設計する

　「リストア」とは、障害などが起きた際にバックアップデータを元にシステムを復元することをいいます。別名では「リカバリ」と呼ぶこともあります。

　「どのようにバックアップを取るか」を考えるときに必ずリストアの手順も併せて設計を行ってください。よく陥りがちなケースとして、きちんとバックアップは取っていたが、バックアップ構成やバックアップデータそのものに問題があった、リストアの手順がわからなかった、というような理由でデータの復元ができなかったということがあります。

　リストアをきちんと設計していたとしても、机上確認だけで実際にテストしていなければ、いざというときに不具合があってリストアが失敗する可能性もあります。バックアップを取得してからリストアを行ってシステムが復元できるところまで、実際に設計通りの手順で行って事前にテストをしておくことが重要です。また、バックアップ構成やリストア手順はきちんとドキュメントとして残しておくことも大切です。

8.3.5 バックアップツールの紹介

監視と同様に、バックアップもツールを使って行うことが一般的です。ここでは、導入コストの低い、主なバックアップツールを紹介します。

●rsync

多くのLinuxディストリビューションで標準パッケージに含まれているファイルの複製・同期ツールです。ローカル／リモートの特定のディレクトリ間のフォルダに対してファイル単位のフルバックアップや差分バックアップ、圧縮転送などのファイル複製に関する豊富な機能を備えています。

あくまでファイル同期ツールであるため、スケジューリングの機能はありません。定期的な自動バックアップを行うには、バックアップを実行するスクリプトを作成してcronなどのタスクスケジューラーツールで実行する必要があります。

●Windowsバックアップ

もし、Webサーバーやアプリケーションサーバーに Windows Server を使用しているのであれば、OS標準の「Windowsバックアップ」が使用できます。標準ながらファイルバックアップとイメージバックアップ、フルバックアップ、増分バックアップ、差分バックアップ、スケジューリング機能など必要十分な機能がそろっています。

8.4 障害対応

本章でも頻繁に登場していますが、そもそも「障害」とはなんでしょうか？ 一般的にはWebアプリが期待していた通りには機能しなくなっている状態を「システム障害」といいます。ネットワークに起因するシステム障害の場合は「ネットワーク障害」と呼ぶこともあります。このように「障害」とは、何かしらの原因によってWebアプリが期待通りには機能しなくなっている状態をさします。

日頃からシステム監視やバックアップを適切に行なっていても、障害はいつか起きてしまうものです。したがって障害を完全に防ぐことよりも、監視ツールでシステム監視を行い、障害を検知できるようにしておき、障害が発生したら速やかに対処することが重要です。そのためにも、まずは起きうる障害の種類や要因について理解しておきましょう。

8.4.1 障害の種類と原因

ところで、なぜ障害が起きるのでしょうか？ Webアプリを運用していて障害が起きうるポイントはいくつもあります。Webアプリはそれ自体のソースコードをはじめ、多くのミドルウェアや関連するモジュール、サーバー、ネットワーク機器を複雑に組み合わせることで動作しているため、どこかに不具合が出てしまうと全体に影響し、サービスに障害が発生することがあります。

障害にはさまざまな種類、要因があります。例えば以下のようなケースが挙げられます。

●処理限界によるサーバーやネットワークの性能低下

サーバーやネットワークがアクセス数やデータ量の増加により性能限界を超えるとパフォーマンスが著しく低下し、応答が遅延したり、ページが表示できなくなったりなどの障害が発生します。想定されるアクセス数／ユーザー数に対して余裕を持ったサーバー、ネットワークを準備しておくことが必要です。

●サーバーやネットワーク機器などのハードウェアの故障や電源断

ハードディスクやチップセットなど、サーバーやネットワーク機器のハードウェアそのものが故障し、本来の機能を果たさなくなってしまうことでも障害が発生します。ハードウェアが故障するのを防ぐことは難しいため、障害によりサービスを停止させたくない場合はあらかじめ複数台のハードウェアを用意しておくなどして、冗長性を確保しておくのがいいでしょう。

●プログラムバグ、設定不具合などの人為的なミス

完璧に構築したと思っても、サービス開始後に不具合が見つかることはよくあります。また、自身で作成したプログラムだけではなく、ミドルウェアなどの関連ソフトウェアの不具合が発見され障害となることがあります。

●外部からの不正アクセスによるクラッキング

Webアプリやサーバー、ネットワークのセキュリティの脆弱性を突かれて、悪意の第三者に不正アクセスされるとシステムを破壊され障害となります。この破壊行為を「クラッキング」と呼びます。

8.4.2 障害の切り分け

障害を発見したら、まずはどのような不具合が起きているのか、何が原因で起きているのか原因を特定しましょう。発生した原因によって対処方法が変わってきます。

以下に挙げるように、システム上のどの部分で障害が発生しているのかを特定します。以降で具体的な切り分け方法をご紹介します。

図8.17　障害が発生しうる個所

◉ネットワーク疎通の確認

一番初めに確認すべきこととして、サーバーに通信できるかどうかを確認しましょう。サーバーのIPアドレスまたはDNS名にpingコマンドを行ってネットワーク通信ができていることを確認してください。もしpingの応答がない場合はネットワーク障害またはサーバーが停止している可能性が考えられます。

◉Webサーバーの稼働確認

ping応答があってネットワーク疎通が確認できているのであれば、次にWebサーバーのサービスが正しく動作しているかを確認します。簡単な確認方法としては、Webアプリのページにアクセスします。これが正しく表示できていればWebサーバーは

正しく動いていることがわかります。もしページが表示できないなどWebサーバーから応答が返って来なければ、Webサーバーが停止している可能性が高いでしょう。

何かしらのページが表示できることを確認したら、HTTPのレスポンスコードを確認します。もし、レスポンスコードが200(OK)以外だったら、Webサーバー以降のアプリやデータベースなどでエラーが発生している可能性が考えられます。

◉プロセス稼働状況やログの確認

Webサーバーの稼働が確認できたら、サーバーにSSH接続をしてシステム情報を確認してください。このとき、サーバーへの接続に通常よりも時間がかかったり、タイムアウトしたりするような場合は、システムやネットワークの障害の可能性が高いでしょう。

ログインしたらWebサーバーのプロセス稼働状況とアクセスログとエラーログを確認しましょう。アクセスログに通常の大量のログがあるような場合はアクセス増による性能低下やクラッキングなどの攻撃を受けている可能性が考えられます。エラーログにエラーが出力されていればエラーメッセージを調べることで原因を特定できるでしょう。

8.5 その他のメンテナンス

これまでに解説した監視やバックアップ、障害対応以外にも運用管理で行うメンテナンスがあります。

8.5.1 ログ管理

Webアプリを運用している限り、ログファイルは溜まり続けます。ログの肥大化によってサーバーのディスク容量を圧迫しないように定期的にバックアップを取って古いログをサーバーから削除しましょう。これを「ログローテーション」といいます。

Linux系サーバーであればlogrotateが標準でインストールされているので、単純に古いものを定期的に削除するだけであれば十分でしょう。一般的に管理すべきログは図8.18のようなものが挙げられます。

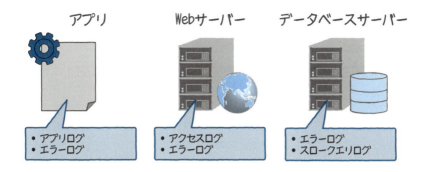

図8.18　管理すべきログ

●システムが大きくなってきたらログ管理サーバーを用意する

　1～2台のサーバーだけでWebアプリを運用するような小規模なシステムでは、ログ管理といっても上記の通り定期的にバックアップを取ってログをローテーションするだけでも十分ですが、Webサーバーが複数台になってログを統合して一元管理したいような場合も出てくるでしょう。その際は、ログ収集専用のサーバーを用意して、Webサーバーからはsyslogなどのプロトコルでログ管理サーバーにログを送信するようにして、ログを一元管理するのがいいでしょう。

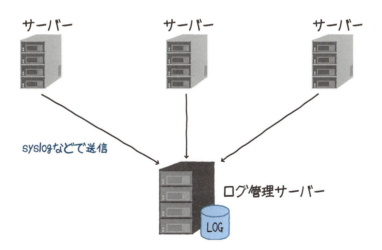

図8.19　複数台サーバーのログを統合して一元管理

8.5.2 システム・ソフトウェアのバージョンアップ

プログラミング言語、フレームワーク、各種のプラグイン、Webサーバー、データベースサーバー、OSなどのWebアプリを構成するためのソフトウェアは日々新しいバージョンがリリースされています。単に新しい機能が増える、性能が向上するだけではなく、セキュリティ関連の脆弱性対策のバグ修正を含んでいることがあります。脆弱性を残したままにしておくことは前述のクラッキングの原因になるため、定期的に新しいバージョンのソフトウェアにアップデートするようにしましょう。

◉バージョンアップ方法

バージョンアップの方法にも、いくつかのやり方があります。

パッケージ管理ツールでアップデートする

最近ではほとんどのソフトウェアはパッケージ管理ツールで最新版を取得することができます。プログラミング言語やミドルウェア、OSならOSが用意しているパッケージ管理ツールのアップデートコマンドを実行するだけで、すべて最新版にバージョンアップすることができます。フレームワークやプラグインは、PHPであればComposerやPEARなど、Node.jsであればnpmなどで更新できます。

手動でアップデートする

前述のパッケージ管理ツールの対象に入っていないような一部のライブラリやフレームワーク、あるいは自動でアップデートされては困るような場合は、手動で新しいバージョンをダウンロードしてサーバーに適用します。

◉バージョンアップ時の注意点

バージョンアップするときは、いきなり本番環境のサーバーに反映しないように注意しましょう。バージョンアップによりソフトウェアの仕様が変わって、アプリのプログラムバグが引き起こされる場合があります。特にプログラミング言語やフレームワークがバージョンアップすると機能の統廃合が行われて、期待通りにWebアプリが機能しなくなる可能性があります。必ずテスト環境やローカルの開発環境などを使って、あらかじめテストしてから本番環境のソフトウェアをバージョンアップするようにしましょう。

8.6 運用管理のまとめ

最後に、本章で説明した運用管理について行うべきことをまとめます。

◉システムを構築する時に行うこと

- システム運用をどう行っていくかの基準やルールを定める
- 監視ツールで自動監視のセットアップを行う
- バックアップツールで自動バックアップを設定する

◉定期的に行うこと

- 監視ツールを使用して自動監視を行う
- ログのメンテナンスを行う
- サーバーやネットワークの稼働状況を確認する
- バックアップが正しく取れているか確認する

◉随時行うこと

- ソフトウェアのアップデート
- 障害対応

付録

ネットワーク基礎概論

A.1 ネットワークとプロトコル

"ネットワーク"と一言でいってもさまざまなプロトコルから成り立っています。ここでは、数あるプロトコルの中から、Webアプリを作成するうえで最も重要な「HTTP (HyperText Transfer Protocol)」について説明します。

プロトコルと聞くと難しいイメージを持つ方も多いと思いますが、プロトコルとは「ルール」のことです。例えば、国際会議の場では英語を公用語として話すというルールがあります。それと同じで、HTTP通信ではHTTPのルールで会話（通信）をしましょう、と取り決めたものです。難しく考えすぎないで「HTTPはこんなルールで通信を行っているんだぁ」と理解してください。

HTTPはもともとその名称の通り、テキストデータを転送するものでしたが、実際にはHTMLやXMLなどのハイパーテキストだけではなく、静止画、音声、動画、JavaScriptプログラム、PDFや各種オフィスドキュメントファイルなど、コンピュータで扱えるデータであれば何でも転送することが可能です。

このようなHTTP通信が、クライアントとサーバー間で、どのように通信を行っているのかを説明したいと思います。

A.1.1 TCP/IP

HTTPを説明する前に、HTTPがネットワーク上でどのような役割を担っているのかを説明します。インターネットのネットワークプロトコルは階層構造で、

- アプリケーション層（HTTP、NTP、SSH、SMTP、DNS）
- トランスポート層（UDP、TCP）
- インターネット層（IP）
- ネットワークインターフェース層（イーサネット）

となっており、インターネット標準のプロトコル群の総称のことを「TCP/IP」と呼びます。

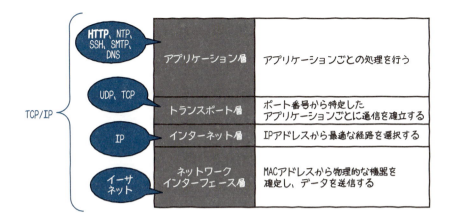

図A.1 TCP/IPのプロトコル階層構造

　HTTPは「アプリケーション層」に位置します。HTTPのみでネットワーク上の通信を行うのではなく、さまざまなプロトコルを使用して通信を行っています。そのため、HTTPではWebアプリに必要な情報のみを付与し、通信に必要な情報は別の階層で付与します。

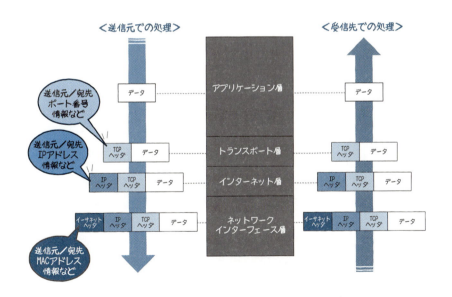

図A.2 各階層で情報が付与される

このように、トランスポート層ではTCPヘッダを、インターネット層ではIPヘッダ、ネットワークインターフェース層ではイーサネットヘッダを付与してデータを送信します。

受信側はネットワークインターフェース層でデータを受け取り、イーサネットヘッダを解析してインターネット層に渡します。トランスポート層でTCPヘッダを解析し、該当のアプリケーション（サービス）に対してデータを渡します。

A.1.2 ポート番号

ポート番号とはTCP上のアプリケーション（サービス）を識別する番号です。先の図A.2における「トランスポート層」でポート番号を識別し、該当のアプリケーションに対してデータを渡します。

ポート番号は1〜65536番まであります。1〜1023番までを「ウェルノウンポート（well-known port）」といい、IPアドレスを管理しているIANA（Internet Assigned Numbers Authority）によって、一元管理されているので自由に使用することはできません。例えばHTTPは80番、SSLは443と決まっています。

代表的なプロトコルのポート番号を表A.1にまとめます。

表A.1　代表的なプロトコルのポート番号

ポート番号	サービス名
20	ftp
22	ssh
23	telnet
25	smtp
80	http
443	https
465	smtps

1024〜49151番までは「予約済みポート（registered port）」で、特定のサービスによって予約されています。予約済みのポートであってもユーザーは自由に使うことができます。

通常、ブラウザで任意のページにアクセスする場合にポート番号を意識したことはないと思います。これは、HTTPとHTTPSのウェルノウンポートが80番と443番と決まっており、あえて指定することなくアクセスできているためです。

試しにポート番号を指定してWebページにアクセスしてみましょう。例えば、Google（https://www.google.co.jp/）ではSSL接続となっているため、443番ポートを指定して「https://www.google.co.jp:443」とアクセスすると、ポート番号である443

は省略されてページが表示されますが、80番ポートを指定して「https://www.google.co.jp:80」とアクセスすると、エラーになります（図A.3）。

図A.3　80番ポート（http）を指定してGoogleにアクセスするとエラーになる

A.2 HTTP

HTTPはRFC 2616で規定されたプロトコルで、HTTP/1.0とHTTP/1.1、HTTP/2という3つのバージョンがあります[*1]。ここでは現在、主流になっているHTTP/1.1について説明します。

HTTPはハイパーテキストの転送用プロトコルとして登場しましたが、現在ではHTMLやXMLなどのハイパーテキストだけではなく、静止画、音声、動画、JavaScriptプログラム、PDFや各種オフィスドキュメントファイルなど、コンピュータで扱えるデータであれば何でも転送することが可能です。

A.2.1 リクエストとレスポンス

HTTP通信は、クライアントからの「リクエスト」とサーバーからの「レスポンス」を1つの組として成り立っています。クライアントからサーバーに対して、例えば「トップページの情報をください」などとリクエストを送信し、受信したサーバーはリクエスト内容に合った結果をクライアントに返します。

クライアント側からリクエストに対してレスポンスを返していない場合やサーバー

[*1] 2015年2月にインターネット技術標準化を推進する団体、IETF（Internet Engineering Task Force）によってHTTP/2が承認された。HTTP/2については、後述する。

からの送信のみではHTTP通信は完了せず、リクエストとレスポンスが1組になって初めて完了します。

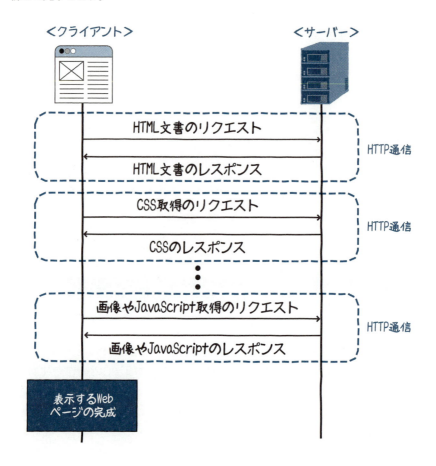

図A.4　HTTPのリクエストとレスポンス

　最近のWebページは、CSSや画像、JavaScriptなどのリソースファイルを多く読み込むものがほとんどです。この場合、リソースファイルが増えれば増えるほど、表示するWebページが完成するのに時間がかかってしまいます。この時間を短縮するために、現在のブラウザは複数のコネクションを張って、同時に複数のリクエストをWebサーバーに送信することで、ダウンロード時間を短縮しています。

A.2.2 HTTPメッセージの構造

HTTPリクエストとレスポンスは、それぞれ「HTTPメッセージ」と呼ばれるメッセージ構造でやり取りを行っています。HTTPメッセージはそれぞれ、「リクエスト／レスポンス行」、「ヘッダ」、「ボディ」の3つから構成されています。

「リクエスト／レスポンス行」は要求の種別や応答結果などの情報を含みます。「ヘッダ」部はクライアントとサーバーの通信でやり取りされるデータのうち、ユーザーには直接見えないデータです。「ボディ」部はサーバーに送信するデータやサーバーからのレスポンスデータが設定されます。

これらの要素をもとにブラウザがサポートして機能や要求をサーバーに伝え、サーバーはリクエストに応じた内容をブラウザに返します。

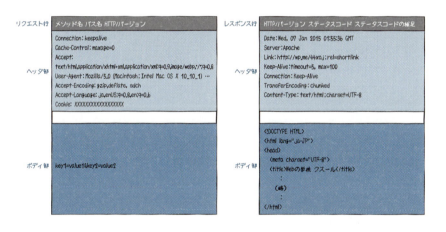

図A.5　HTTPメッセージの構成

それではリクエストメッセージとレスポンスメッセージの各部についてそれぞれ見ていきます。

A.2.3 リクエストメッセージ

●リクエスト行

リクエスト行は下記の書式で表します。

> メソッド名　パス名　HTTP/バージョン

　「メソッド名」にはPOSTやGETなどリクエストメソッドの種類が指定されます。「パス名」は通常、/aaa/bbb/index.htmlのようなスラッシュで始まるパス名や、http://などで始まるURLが指定されます。GETリクエストの場合はURL上にパラメータが乗るため、パス名は、

> /aaa/bbb/index.html?key1=value1&key2=value2

のようになります。
　ところで、リクエストメソッドはクライアントが行う処理をサーバーに伝えるキーとなるものです。HTTP/1.1では表A.2のリクエストメソッドが定義されています。

表A.2　HTTP/1.1のリクエストメソッド

メソッド	内容
GET	サーバーからリソースの取得
POST	サーバーへリソースの新規登録
PUT	サーバーへ既存のリソースの更新
DELETE	サーバーへリソースの削除

　Webアプリ開発時にAPIを設計するうえで、リクエストメソッドの決定も重要な作業の1つなので、各メソッドの特徴を理解してメソッドを決定する必要があります。
　主なメソッドの特徴を見ておきましょう。

POSTメソッド

　「POSTメソッド」は、サーバーに対して情報を送信（登録）するのが目的のメソッドです。パラメータはボディ部に設定され、テキストデータやバイナリデータの送信が可能です。そのため、ファイル送信にもPOSTを用います。

GETメソッド

　「GETメソッド」は、サーバーからページ情報やユーザー情報を取得するときに使用し、サーバーのリソースに変化を与えることは行いません。
　POSTメソッドではリクエストパラメータがボディ部に設定されたのに対し、GETメソッドでは、URI上にリクエストパラメータがクエリストリング形式で出力されます。そのためリソースに変化を与えませんが、ログイン処理には不向きです。

リストA.1　GETメソッドのリクエストパラメータの例

```
http://cshool_kentei.com/?id=shoeisha&pwd=12345678
```

●リクエストヘッダ

リクエストヘッダ部は要求に関する、あるいはメッセージ本体で送られる情報を示します。ヘッダ行は通常のテキストヘッダの形式、

```
Header-Name: Value
```

で表されます。

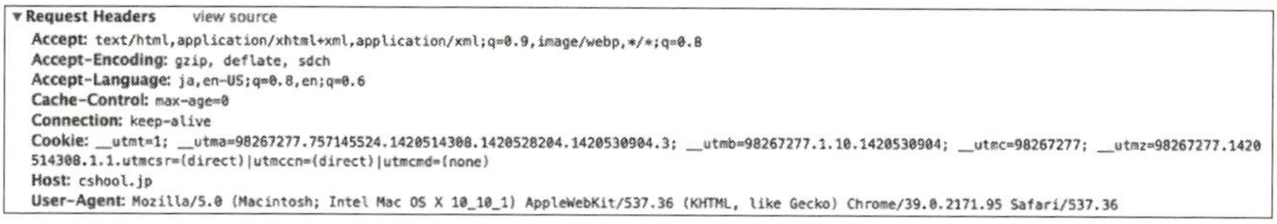

```
▼Request Headers    view source
  Accept: text/html,application/xhtml+xml,application/xml;q=0.9,image/webp,*/*;q=0.8
  Accept-Encoding: gzip, deflate, sdch
  Accept-Language: ja,en-US;q=0.8,en;q=0.6
  Cache-Control: max-age=0
  Connection: keep-alive
  Cookie: __utmt=1; __utma=98267277.757145524.1420514308.1420528204.1420530904.3; __utmb=98267277.1.10.1420530904; __utmc=98267277; __utmz=98267277.1420
  514308.1.1.utmcsr=(direct)|utmccn=(direct)|utmcmd=(none)
  Host: cshool.jp
  User-Agent: Mozilla/5.0 (Macintosh; Intel Mac OS X 10_10_1) AppleWebKit/537.36 (KHTML, like Gecko) Chrome/39.0.2171.95 Safari/537.36
```

図A.6　リクエストヘッダの例

●リクエストボディ

リクエストボディはサーバーに送信されるデータが設定されます。リクエストメソッドがPOSTやPUT、DELETEの場合にはボディ部に設定されますが、GETリクエストの場合には、リクエスト行のパス名に設定されるためボディ部には設定されません。

A.2.4　レスポンスメッセージ

●レスポンス行

レスポンス行は下記の書式で表します。

```
HTTP/バージョン　ステータスコード　ステータスコードの補足
```

「ステータスコード」には、表A.3のような処理結果についてのステータスを表すコードが記述されます。

表A.3 レスポンス行のステータスコード

ステータスコード	内容
100系	情報伝達
200系	正常処理
300系	リダイレクト
400系	クライアント側の異常処理
500系	サーバー側の異常処理

また、「ステータスコードの補足」には、OK や Not Found など、ステータス番号の意味や詳細を補足するメッセージが返されます。

●レスポンスヘッダ

レスポンスヘッダはサーバーからの情報になるので、サーバーの情報が設定されています。

```
▼Response Headers    view source
  Connection: Keep-Alive
  Content-Type: text/html; charset=UTF-8
  Date: Tue, 06 Jan 2015 07:55:11 GMT
  Keep-Alive: timeout=5, max=100
  Link: <http://wp.me/44xoJ>; rel=shortlink
  Server: Apache/2.2.25
  Transfer-Encoding: chunked
  X-Pingback: http://cshool.jp/xmlrpc.php
```

図A.7　レスポンスヘッダの例

●レスポンスボディ

レスポンスボディはサーバーから、リクエストの結果に応じた値が返されます。ページをリクエストした場合はHTMLの内容が、値をリクエストした場合はその値が返されます。

A.3 ヘッダ

Webアプリを作成するうえで、意識しておくべきヘッダについて見ていきます。

A.3.1 Connection ヘッダ

Connectionヘッダは持続的な接続を管理するHTTPヘッダです。ブラウザはリクエストでConnectionヘッダに「Keep-Alive」を設定し、持続的な接続をサポートしていることを伝えます。

また、HTTP/1.1では、すべての接続が後述するKeep-Alive接続となります。

表A.4　Connectionヘッダ

Connectionヘッダ	内容
close	レスポンスの後にTCP切断を指示
Keep-Alive	コネクションの継続を指示

Keep-Alive

HTTP/1.0以前のバージョンでは、ファイルを1つ取得するのに1つのTCPコネクション[*2]を必要としていたので、ファイル数が多ければ多いほどTCPコネクションを再構築して通信を行っていました。これではサーバーへの負荷が上がってしまうため、HTTP/1.1からは、1つのTCPコネクションで複数のファイル（画像やテキスト）を取得することが可能になりました。これにより、コネクションの再構築やファイルを複数取得して、サーバーへの負荷を軽減します。

A.3.2 User-Agent ヘッダ

User-Agentヘッダは、ブラウザやシステムの種類を表します。User-Agentヘッダの情報でブラウザごとに表示する内容を変更します。

リストA.2　User-Agentヘッダの例

```
Mozilla/5.0 (Macintosh; Intel Mac OS X 10_10_1) AppleWebKit/537.36⇒
 (KHTML,like Gecko) Chrome/39.0.2171.95 Safari/537.36
```

[*2] TCPではデータ通信を始める前に、リクエスト→レスポンス→リクエストの順でメッセージの送信を行って接続の確認を行う。このことを「TCPコネクション」と呼び、メッセージの交換が正常に行われた場合に「コネクションが確立された」という。

A.3.3　Cookieヘッダ

　Cookieとは、HTTPサーバーとの通信で特定の情報をブラウザに保持する仕組みのことです。例えばSNSなどで1度ログイン処理を行うと、次回からはログイン処理をしなくても自動でログインすることがありますが、これはCookieの仕組みを利用して実現しています。

　ログインするとサーバー側でその接続に対してセッションIDを発行します。そのセッションIDをレスポンスのset-cookieヘッダに設定して返します。次にアクセスしたときに、このセッションIDをリクエストのCookieヘッダに設定することで、ログイン処理をしなくてもログインすることが可能になります。

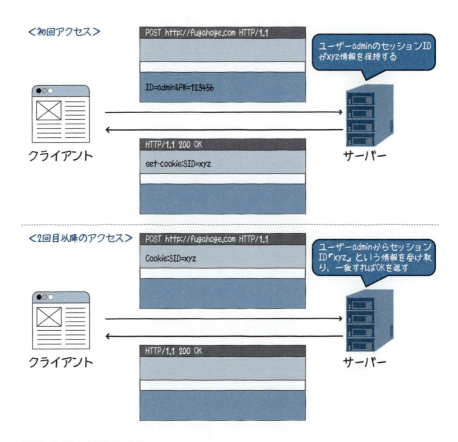

図A.8　Cookieによる自動ログイン

A.4 HTTPS

「HTTPS（Hypertext Transfer Protocol Secure）」は名前の通り、HTTPによる通信を安全に行うためのものです。HTTP通信では通信データは平文で行われるため、第三者から盗聴や改ざんされる危険性があります。その危険を回避するために、HTTP通信をSSL/TLSプロトコルによって提供されるセキュアな接続の上で行うことで安全性を確保します。

HTTPS通信で接続している場合、ブラウザではURLスキームが「https」となり、鍵のマークが表示されます。

図A.9　HTTPS通信時のブラウザ

A.4.1 SSLとは

「SSL（Secure Sockets Layer）」とはインターネット上で通信を暗号化する技術です。SSLを利用してPCとサーバー間の通信データを暗号化し、第三者からの盗聴や改ざんなどを防ぐことができます。SSLは前述したHTTPの保護だけではなく、他にもファイル転送に使われる「FTPS」やSMTPをセキュアにした「SMTPS」があります。

通信データの暗号化方式として、SSLでは「共通鍵暗号方式」と「公開鍵暗号方式」の2つの暗号方式が採用されています。

◉共通鍵暗号方式

暗号化と復号で同じ鍵を使う暗号方式です。事前に「鍵」（共通鍵）を受信者側に手渡しておく必要があるため、その鍵を渡す際に第三者に「鍵」が漏れてしまう危険性があります。

◉公開鍵暗号方式

暗号化に使用する鍵と復号に使用する鍵がそれぞれ異なっている方式です。暗号化するための鍵（公開鍵）を通信相手に公開することから、公開鍵暗号方式と呼ばれています。

公開する鍵は暗号化することしかできないため、万が一第三者に鍵が流出しても、暗号文を復号することはできません。

A.4.2　HTTPSの仕組み

HTTPS通信では、共有鍵暗号方式と公開鍵暗号方式をうまく組み合わせることによって、それぞれの特長を生かせるようにしています。具体的には、図A.10のような仕組みで通信が行われます。

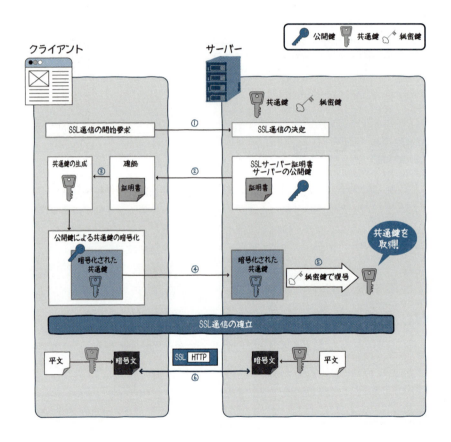

図A.10　HTTPS通信の流れ

①ブラウザはhttpsのサーバーにアクセスします。
②サーバーはリクエストにより暗号を決定し、サーバー証明書とサーバーの公開鍵をブラウザに返します。
③ブラウザはサーバーより受け取った証明書を確認し、問題なければ共通鍵を生成します。証明書に問題がある場合は警告を出します（図A.11）。
④生成した共通鍵をサーバーの公開鍵で暗号化してサーバーに送信します。
⑤サーバーは受信した暗号化された共通鍵を秘密鍵で復号します。これで共通鍵を安全に受け渡すことができました。
⑥以降の通信はブラウザとサーバーのみが知っている共通鍵で通信を行います。

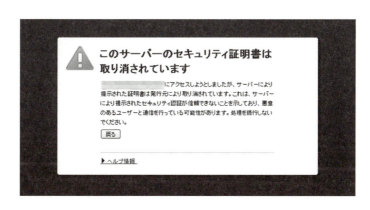

図A.11　証明書に問題がある場合の警告画面

A.5 HTTP/2における転送時間短縮の取り組み

先日（2015年2月）、HTTP/2がインターネット技術標準化を推進する団体、IETFより正式に承認されました。16年ぶりの新バージョンとなります。このHTTP/2では、通信の効率化を図るための機能が盛り込まれています。ここでは、それらの機能を紹介しておきます。

A.5.1　多重化

HTTP/1.1ではリクエストとレスポンスは1つの組であり、先のレスポンスを受け取った後でないと、次のリクエストを送信することができません。そのため、各ブラ

ウザが複数のコネクションを張り、複数のリクエストをサーバーに送信することでダウンロード時間を短縮しています。しかし、この方法ではサーバーや通信機器への負荷を上昇させるという新たな問題が発生しました。

この問題を解決するのに策定を進めていたのがHTTP/2です。HTTP/2では1つのコネクションでまとめてリクエストを送ること（多重化）が可能になります。これによりコネクション数を減らすことが可能になるので、サーバーや通信機器への負荷を削減することができます。

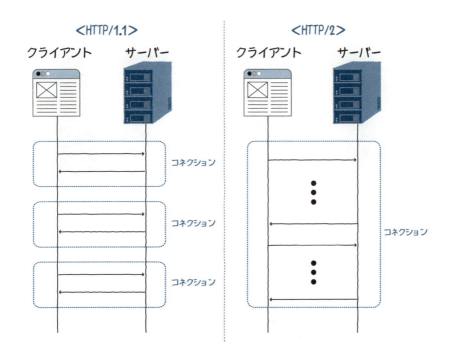

図A.12　HTTP/2の多重化

A.5.2　サーバープッシュ

サーバープッシュ機能が盛り込まれ、サーバーはクライアントに対してページのコンテンツ全体（HTML、CSS、JavaScript、画像など）を一度に送ることも可能になります。

A.5.3 ヘッダ圧縮

　HTTPメッセージのヘッダ部には、ブラウザの種類やOSの情報（User-Agent）やCookieなどが含まれています。HTTPヘッダは、毎回、同じようなデータであるにもかかわらず、リクエストとレスポンスの度に送信されています。
　HTTP/2では「HPACK」というHTTPヘッダの圧縮方式を採用し、同じHTTPヘッダを送信するのではなく、新しく送信が必要なHTTPヘッダのみを送信して、ダウンロード量の削減とWebサイトの表示高速化を実現させています。

A.5.4 テキストからバイナリに変更

　HTTP/1.1では、テキスト形式のプロトコルでしたが、HTTP/2からバイナリのプロトコルになります。バイナリデータはコンピュータが処理しやすいデータ形式のため解析の時間を短縮することが可能になり、Webサイトの表示速度も向上します。

INDEX

●数字
5W1H	21

●A
Ajax	9, 152, 193
AltJS	100
Amazon Web Services	54
Androidのデバッグ	121
Android標準ブラウザ	121, 123
Apache	4, 59, 60
〜のインストール	61, 62
API設計	46
app.js	182
AppStore	7
apt-get	67
assemble	207
autoprefixer	108, 213
AWS	54

●B
BABEL	223
babelify	226
BEM	77
Berkshelf	71
Bluetooth	8
Browserify	111, 206, 224, 230
〜のプラグイン	226
BrowserSync	116, 206

●C
C10K問題	172
Cacoo	24
Cacti	251
CakePHP	142
〜のテストフレームワーク	157
CDN	92
CentOS	59
CGI	131
Chef	71
Chrome（Android版）	121
Chrome（PC版）	116

CoffeeScript	100
commit	141
CommonJS	226
Compass	109, 213
composer	135, 266
console.log	116, 118, 123
Controller	143
cookbook	71
cookie	135, 280
CSRF	160, 199
CSS	3, 6, 15, 41, 75
プリプロセッサ	213
変数	78

●D
Deferred	84
DoS監視	246
DoS攻撃	246

●E
ECMAScript	84
ECT	207
EJS	207
Entity	46
ER図	46
Express	178

●F
FastCGI	131
Fedora	59
FTPS	281

●G
GETメソッド	276
Google Play	7
Googleアナリティクス	49
Grunt.js	102
gulp.js	102, 206
〜のインストール	103

● H

HTML	6, 15, 41
HTML 5	41
〜の構文チェック	47
HTTP	4, 270, 273
HTTP/2	283
httpd.conf	62
HTTPS	281
HTTPメッセージ	275
HTTPリクエスト	5
HTTPレスポンス	5

● I

IIS	4
Illustrator	28, 30
iOS	6
〜のデバッグ	119
is関数	86

● J

Jade	184, 207
JavaScript	3, 6, 15, 42, 83, 223
〜のカプセル化	95
〜のクラス	94
〜の継承	96
〜の構文チェック	93
jQuery	84
JSHint	93, 223
JSON	44

● K

Keep-Alive	279

● L

LAMP	58
Linux	59

● M

Mac OS	6
mixin	80
Model	143
Modernizr	90
MongoDB	44, 189, 190
mongoose	190
Munin	249
MVC	143, 179
MySQL	44, 59, 64, 138
〜の初期設定	65

● N

Nagios	248
NFC	8
Nginx	4, 130
Node.js	102, 168
〜のインストール	174
〜のテンプレートエンジン	184
〜のパッケージモジュール	105, 177
〜のフレームワーク	178
NoSQL	44
npm	177, 266

● O

Objective-C	6
OOP	94
ORACLE	66
ORDBMS	44
ORM	66

● P

PDO	139
PEAR	134, 266
PECL	133
Photoshop	28, 30
PHP	14, 42, 59, 67, 128
〜の拡張機能	133
〜のデバッグ	164
〜のユーザーライブラリ	134
PhpStorm	125
PHPUnit	157
PHPタグ	132
Ping	244
PostgreSQL	44, 66
POSTメソッド	276
prototypeプロパティ	94
protto	26

● Q

Queue	170

● R

RDB	138
RDBMS	44, 64, 138
Red Hat Enterprise Linux	59
Red Hat Linux	59
Redis	44
REHL	59
RequireJS	111
REST API	156
rollback	141
rsync	261

● S

Sails	178
Sass	75, 76, 206, 213

〜ファイルのコンパイル	82
Sass形式	76
SCSS形式	76
SELECT	66
Selenium	159
SEO	48
SMTPS	281
SNMP	244
Socket.io	173
SPA	193
SPL	133
SQL	138
SQL Server	66
SQLインジェクション	163
SSH	57
〜の設定変更	57
sshd	58
SSI	207
SSL	281
Stylus	75
Sublime Text	124
supervisor	202
Swift	6
Swig	184, 206, 207, 208
〜のコンパイル	212

T

TCP/IP	270
TCPコネクション	279
TypeScript	100

U

Ubuntu	59, 67
UML	43
Underscore.js	86

V

Vagrant	69
Vagrantfile	69
Vi	54
View	143
Vim	54
VirtualBox	54, 69
VMware	54, 69
VPS	54

W

W3Cの勧告	41
WebRTC	9
WebSocket	9
Webアプリ	2, 6, 18, 52
〜の構成	3
Webアプリケーションフレームワーク	16
Webサーバー	4, 60, 130
Webフォント	38
Windowsバックアップ	261

X

Xcode	124
Xdebug	164
XSS	88, 162, 197

Y

yum	61

Z

Zabbix	250

あ行

アクセス解析	49
アクセントカラー	33, 34
イベント駆動	170
イベントループ	170
イメージバックアップ	257
インフォメーションアーキテクチャー	19
ウェルノウンポート	272
ウォッチドッグ	243
エスケープ	162, 163, 198
エラーハンドリング	164, 202
オブジェクト関係マッピング	66
オブジェクト指向プログラミング	94
オブジェクトリレーショナルデータベース	44

か行

改ざんの監視	246
回答	3
開発効率	6
開発者向けオプション	121
画像アセット	30
仮想環境	54
画面解像度	29
画面遷移図	27
カラーイメージスケール	36
カラースキームツール	34
環境変数	119
監視ツール	247
完全バックアップ	254
機能	7
機能テスト	159
キュー	170
共通鍵暗号方式	281
クッキー	135
クライアント	14, 15
クライアントサイドプログラム	3, 14, 15

クラウドサーバー	53
クラス図	43
クラッキング	262
グリッドシステム	29
クロージャ	95
クロスブラウザ対応	109
検索エンジン最適化	48
検証	86
公開	18
公開鍵暗号方式	281
コマンドライン	54
〜のショートカット	125
コミット	141
コレクション	189
コンセプト	20
コンテンツ	22
コンテンツデリバリネットワーク	92
コントローラ	143, 144

● さ行

サーバー	14, 52
〜構築	53
〜へのログイン	57
サーバーサイドプログラム	3, 14
サーバーマシン	4
サイトマップ	22
サブカラー	33, 34
差分バックアップ	256
シーケンス図	43
死活監視	243
色相環	36
システムファイル	254
障害	261
情報設計	19
シングルスレッド	168, 169
シングルページアプリケーション	193
スキーマレス	189
スタイルガイド	220
スタイルシート言語	75
スタンドアローン	52
ステージング環境	18
ステージングサーバー	47
ステータスコード	277
ステータスコードの補足	278
スライス	30
スレッド	168
脆弱性	58
生存監視	243
静的	129
セキュリティホール	58
セッション	135, 186
セレクタの継承	81

セレクタのネスト	76
増分バックアップ	255

● た行

ターゲットユーザー	21
タスク	104
タスクランナー	102
単体テスト	156
ディザスタリカバリ	260
ディストリビューション	59
ディレクトリマップ	23
データベース	5, 14, 44, 138, 140, 189
テーブル	64
テスト	156
デバイスフォント	37
デバッグ	164, 201
デプロイ	131
テンプレート	87
テンプレートエンジン	89, 150
同期通信	152
動作速度	8
動的	129
ドキュメント	189
ドキュメント指向型データベース	44
トランザクション処理	140

● な行

ネイティブアプリ	2, 6
ネットワーク監視	244
ノンブロッキングI/O	170

● は行

パーシャルファイル	210
バックアップ	252
〜の対象データ	253
〜の単位	257
〜の方法	254
〜の保存先	258
バックアップツール	261
バックエンド	14, 52
パッケージ管理システム	134
パッケージ管理ツール	266
バリデーション	86, 145, 190
ビジネスロジック	16, 42
非同期	84
非同期通信	152
ビュー	143, 147
標準ブラウザ（Android）のデバッグ	123
ビルトインWebサーバー	132
ファイルバックアップ	257
フォント	37
不正アクセス監視	245

物理サーバー	4, 53
ブラウザ	4
〜単位の分岐処理	90
〜シェア調査	40
プリペアードステートメント	163
フルバックアップ	254
フレームワーク	15, 17, 142
〜のメリット	16
プログレッシブ・エンハンスメント	40
プロセス監視	244
プロトタイピングツール	26
プロビジョニング	70
ベースカラー	33, 34
ペーパープロトタイプ	25
ヘルスチェック	243
ヘルパー	147, 151
変数のダンプ	164
ポート番号	272
ボリューム	257

● ま行

マルチクラス	217
マルチスレッド	169
ミニファイ	115
メールサーバー	68
モダンブラウザ	40
モデル	143, 145
モバイルデバイス	2

● や行

ユーザーシナリオ	21
ユニットテスト	156
要求	3, 5
要件定義	27

● ら行

ライブラリ	16
リカバリ	252, 260
リキッドデザイン	81
リクエスト	3, 14, 273
リストア	252, 260
リソース監視	245
リバースルーティング	150
リモートバックアップ	258
ルーティング	149, 182
ルーティングパス	194
レガシーブラウザ	40
レシピ	71
レスポンス	3, 14, 273
ローカルコンピュータ	15
ローカルバックアップ	258
ロールバック	141
ローンチ	18
ログ	165, 203
ログ管理	264
ログローテーション	264

● わ行

ワークフロー	17
ワイヤーフレーム	24
ワンタイムトークン	161

執筆者

● **松村 慎**（まつむら・しん）────第1・2・4・7章レビューを担当

　2002年カナダバンクーバーから帰国したのち、株式会社バスキュールにFlashデベロッパーとして勤務。2004年にフリーとして独立し、2006年に株式会社クスールを設立。クスールではWeb制作業務のかたわら、Webやモバイルの技術を中心としたものづくりを教える学校を運営している。

　　株式会社クスール：http://www.cshool.jp/

● **武田 智道**（たけだ・ともみち）────第1・6章・付録執筆

　東京理科大学、宮城教育大学大学院にて数学を学んだのち、システム会社で基幹系通信システムやモバイル端末の組み込み開発に従事。2012年よりWebの制作と学校を手がける「クスール」にて、モバイルアプリやサーバーサイドの設計・開発を中心にサーバーサイドからフロントまでを手がける。

● **本末 英樹**（もとすえ・ひでき）────第2章執筆

　1984年生まれ、大阪成蹊大学芸術学部情報デザイン学科卒業。Web制作会社を数社経て独立、フリーランスのUIデザイナーとして、Webサイトやアプリケーションの企画・デザイン・クライアントサイドプログラミングまで行う。Webの学校クスールや企業で講師も務める通称オロちゃん先生。ブログでいろいろ語ってます。http://oronain.com

● **大久保洋介**（おおくぼ・ようすけ）────第3章執筆

　主に生産管理システム開発に従事し、スタンドアロンだったシステムのWeb化を進める。2007年に独立し、株式会社バンシステムズを設立。現在はCakePHPを使った海外のWebサイト運用、さらにはiPhoneを使用した生産管理・在庫管理システムを構築中。その他、CakePHPを用いたWebシステム開発を多数経験。CakePHPの勉強会、ワークショップを定期的に主催。コワーキングスペース茅場町（CoEdo）の運営スタッフも兼務している。

● **扇 克至**（おうぎ・かつし）────第4・7章執筆

　富山県氷見市出身。株式会社ストロボスコープ勤務。Webデベロッパー。大学卒業後、営業として広告代理店で6年勤務ののちWebデザイナーに転身。デザインからFlashまでマルチにこなすWebデザイナーだったが、よりレベルの高い案件を求めてデザイン業務をやめてWebデベロッパーに転身。現在はJavaScriptの開発をメインに、HTMLマークアップ、CMS構築、テクニカルディレクター、講師の業務を行う。

● **清水 紘己**（しみず・ひろき）────第5章執筆

　サーバーサイドエンジニア・スマートフォンアプリ開発エンジニア。株式会社バンシステムズ技術顧問。PHPフレームワークCakePHPへの貢献、ドキュメント翻訳の活動を基に2009年フリーランスとして独立、以後Webサービス開発多数。現在リアルタイムアプリ開発の新規事業に従事。

● **里吉 洋一**（さとよし・よういち）────第8章執筆

　シリコンスクエア株式会社取締役。前職は他業種からの転職でITベンチャーに入社。さまざまなプロジェクトにアプリケーションエンジニアとして参画し、Webサービスやスマホアプリの開発を担当。その後シリコンスクエア株式会社の取締役に就任し、現在はWebシステムやスマートフォンアプリの企画・開発の事業を主軸として展開中。今までに培ったフロントエンドからバックエンドまでの複数領域での広範な経験・ノウハウを活かして、クリエイティブとシステム効率化を両立させることをモットーに日々の業務に取り組んでいる。

装丁&本文デザイン	NONdesign 小島トシノブ	
装丁イラスト	山下以登	
DTP	株式会社アズワン	

絵で見てわかるWeb（ウェブ）アプリ開発の仕組み

2015年 8月17日　初版第1刷発行

著　者	松村慎（まつむらしん）
	大久保洋介（おおくぼようすけ）
	武田智道（たけだともみち）
	清水紘己（しみずひろき）
	扇克至（おうぎかつし）
	里吉洋一（さとよしよういち）
	本末英樹（もとすえひでき）
発行人	佐々木幹夫
発行所	株式会社翔泳社（http://www.shoeisha.co.jp）
印刷・製本	株式会社シナノ

ⓒ2015 Shin Matsumura, Yousuke Ookubo, Tomomichi Takeda, Hiroki Shimizu, Katsushi Ougi, Youichi Satoyoshi, Hideki Motosue

※本書は著作権法上の保護を受けています。本書の一部または全部について（ソフトウェアおよびプログラムを含む）、株式会社 翔泳社から文書による許諾を得ずに、いかなる方法においても無断で複写、複製することは禁じられています。
※本書へのお問い合わせについては、iiページに記載の内容をお読みください。
※落丁・乱丁の場合はお取替えいたします。03-5362-3705までご連絡ください。

ISBN978-4-7981-4088-9 Printed in Japan